Rotes Heft/Ausbildung kompakt 213

Absturzsicherung

von Jörg Mezger
Ausbilder Höhenrettung und Absturzsicherung
Berufsfeuerwehr Stuttgart

3., überarbeitete Auflage

Verlag W. Kohlhammer

Dieses Werk einschließlich aller seiner Teile ist urheberrechtlich geschützt. Jede Verwendung außerhalb der engen Grenzen des Urheberrechts ist ohne Zustimmung des Verlags unzulässig und strafbar. Das gilt insbesondere für Vervielfältigungen, Übersetzungen, Mikroverfilmungen und für die Einspeicherung und Verarbeitung in elektronischen Systemen.

Die Wiedergabe von Warenbezeichnungen, Handelsnamen und sonstigen Kennzeichen in diesem Buch berechtigt nicht zu der Annahme, dass diese von jedermann frei benutzt werden dürfen. Vielmehr kann es sich auch dann um eingetragene Warenzeichen oder sonstige geschützte Kennzeichen handeln, wenn sie nicht eigens als solche gekennzeichnet sind.

Es konnten nicht alle Rechtsinhaber von Abbildungen ermittelt werden. Sollte dem Verlag gegenüber der Nachweis der Rechtsinhaberschaft geführt werden, wird das branchenübliche Honorar nachträglich gezahlt.

3., überarbeitete Auflage 2021

Alle Rechte vorbehalten
© 2007/2021 W. Kohlhammer GmbH, Stuttgart
Gesamtherstellung: W. Kohlhammer GmbH, Stuttgart

Print:
ISBN 978-3-17-038603-7

E-Book-Formate:
pdf: ISBN 978-3-17-038605-1
epub: ISBN 978-3-17-038606-8
mobi: ISBN 978-3-17-038607-5

Für den Inhalt abgedruckter oder verlinkter Websites ist ausschließlich der jeweilige Betreiber verantwortlich. Die W. Kohlhammer GmbH hat keinen Einfluss auf die verknüpften Seiten und übernimmt hierfür keinerlei Haftung.

Inhaltsverzeichnis

1 Einleitung 7

2 Definitionen 14

3 Abgrenzung Absturzsicherung – Höhenrettung .. 18

4 Theoretische Grundlagen 20

5 Knoten 25

6 Komponenten des Gerätesatzes Absturzsicherung 36
6.1 Auffang- und Sitzgurt (DIN EN 361 und DIN EN 813) . 36
6.2 Seile.. 43
6.3 Bandschlingen (DIN EN 354 und DIN EN 795) 47
6.4 Karabiner (DIN EN 362) 50
6.5 Schutzhandschuhe (DIN EN 388) 54
6.6 Kantenschutz 55
6.7 Selbstsicherung mit Falldämpfer (optional) (Sicherung im Nahbereich – DIN EN 354 und 355) 56
6.8 Verbindungsmittel zur Arbeitsplatzpositionierung 58
6.9 Rettungsschlaufe (optional)...................... 59
6.10 Transportsack 60

7 Unterscheidung Halten – Auffangen 63
7.1 Halten 63
7.2 Auffangen 68

8 Sicherungstechnologien	70
9 Einsatztaktik	86
10 Unfallverhütungsvorschriften	89
11 Gefährdungsermittlung	92
12 Gefahrenvermeidung für die Komponenten des Gerätesatzes Absturzsicherung	94
13 Interventionsmaßnahmen	97
14 Anwendungsmöglichkeiten	**98**
14.1 Selbstrettungsübungen	98
14.2 Top-Rope-Sicherung mit Drehleiter	103
14.3 Redundanz für den Flaschenzug	107
14.4 Zurückführen einer Person	111
14.5 Baukran	115
14.6 Selbstsicherung mit Bandfalldämpfer	118
14.7 Dächer	122
15 Pflege – Wartung – Lagerung	**129**
15.1 Prüfung von Seilen	130
15.2 Prüfung von Bandschlingen	132
15.3 Prüfung von Auffanggurten	134
15.4 Prüfung von Karabinern	134
15.5 Lagerung und Pflege	136

Inhaltsverzeichnis

16 Ausbildungslernziele für Anwender des Gerätesatzes Absturzsicherung 140

Zusammenfassung 143

Literaturverzeichnis 145

Wichtiger Hinweis

Dieses Heft dient als Leitfaden und Nachschlagewerk. Es entbindet nicht, sich durch eine fachkundige Person theoretisch und praktisch einweisen zu lassen. Die Darstellung aller im Heft beschriebenen Sicherungstechniken erfolgte nach bestem Wissen und Gewissen des Autors. Die Praxisübertragung geschieht auf eigenes Risiko. Alle Angaben entsprechen dem heutigen Stand der Technik, Änderungen vorbehalten. Ansprüche auch gegenüber Dritten, die durch Fehlhandlungen herrühren, können nicht geltend gemacht werden. Rechtsansprüche jeglicher Form können nicht gegen den Verfasser oder den Verlag gerichtet werden. Es wurden Abhandlungen aus Lehrunterlagen der Höhenrettung der Berufsfeuerwehr Stuttgart verwendet, bei denen der Autor mitwirkte.

Die gültigen Feuerwehr-Dienstvorschriften, die Unfallverhütungsvorschriften sowie die einschlägigen Normen sind zu beachten.

Der Autor bedankt sich bei den Angehörigen der Höhenrettung der Berufsfeuerwehr Stuttgart und der Freiwilligen Feuerwehr Filderstadt für die Unterstützung bei der Erstellung dieses Heftes sowie bei den Firmen Bornack Fallstop Rescue, Ilsfeld für die freundliche Überlassung von Grafiken. Danke Susan. S. D. G.

1 Einleitung

Mit neuen Erkenntnissen aus dem Bereich der Höhenrettung, die nach dem Fall der Mauer ab 1990 auch in den alten Bundesländern Einzug hielten, erkannte man Defizite bei der Verwendung von Fangleinen und Hakengurten sowie den verwendeten Sicherungstechniken. Die Verantwortlichen in den Feuerwehren reagierten darauf, und es entstanden neue Rettungstechnologien und bessere Möglichkeiten, Feuerwehrangehörige bei einem Absturz im absturzgefährdeten Bereich zu schützen. Die Arbeit im absturzgefährdeten Bereich stellt keine neue Aufgabe der Feuerwehr dar, mithilfe des Gerätesatzes Absturzsicherung und der Sicherungstechnik ist sie jedoch sicherer geworden. Der Gerätesatz Absturzsicherung schützt den eingesetzten Feuerwehrangehörigen vor tödlichen Abstürzen. Er kommt in Bereichen zum Einsatz, in denen es aus räumlichen und strukturellen Bedingungen zu einem Unfall durch Absturz kommen kann, die aber – abgesehen vom Absturzrisiko – ohne Hilfsmittel erreichbar sind.

Merke:
Die erste Sicherung sind Füße und/oder Hände an einer Struktur, nur bei Ausfall dieser greift das System der Absturzsicherung. Das freie Hängen in nur einem Seil ist nicht zulässig und somit auszuschließen.

1 Einleitung

Bei der Bekämpfung von Bränden und der Technischen Hilfeleistung kann es vorkommen, dass sich Feuerwehrangehörige in absturzgefährdete Bereiche begeben müssen, wobei eine Sicherung gegen Absturz unbedingt erforderlich ist. Die Abwehr von Gefahren für Personen oder Tiere steht dabei im Vordergrund. Die Möglichkeit zur Rettung in Verbindung mit dem Gerätesatz Absturzsicherung beschränkt sich auf die Erstsicherung des zu Rettenden und lebensrettende Sofortmaßnahmen. Bei der Brandbekämpfung sollten sich Tätigkeiten im absturzgefährdeten Bereich möglichst auf Nachlöscharbeiten beschränken. Bei der Zurückführung einer Person aus einem absturzgefährdeten Bereich (nur wenn diese dazu psychisch und physisch in der Lage ist) ist ein zweiter Gerätesatz Absturzsicherung für diese Person einzusetzen.

Ausrüstungskomponenten und Sicherungstechnologien konnten auf den Arbeitsalltag der Feuerwehren adaptiert werden. Auf vielen Löschfahrzeugen sind inzwischen die genormten Gerätesätze Absturzsicherung verlastet. Wichtig ist hierbei, dass es nicht nur bei der Beschaffung bleibt, sondern dass die Aus- und Fortbildung nach den derzeit gültigen Regeln und Richtlinien durchgeführt wird.

Durch die richtige Anwendung des Gerätesatzes Absturzsicherung kann das Absturzrisiko um ein Vielfaches reduziert werden. Voraussetzung für die Absturzsicherung ist, dass jeder Feuerwehrangehörige in der Lage ist, eine Absturzgefahr zu erkennen, sich gegen Absturz zu sichern und gesichert mit einem Gerätesatz Absturzsicherung vorzugehen.

Die Feuerwehr-Dienstvorschrift 1 »Grundtätigkeiten – Lösch- und Hilfeleistungseinsatz« nimmt in den Kapiteln 17

1 Einleitung

und 18 diese Erkenntnisse auf, wobei grundsätzlich zwischen »Halten« und »Auffangen« unterschieden wird. Auch bezüglich der Materialauswahl wurde ein Umdenken erforderlich, um die eingesetzten Einsatzkräfte bestmöglich gegen Absturz zu schützen. Dass die Thematik »Absturzsicherung« nun allgemeiner Bestandteil des Feuerwehreinsatzes ist, zeigt sich in der Normung des Gerätesatzes Absturzsicherung in der DIN 14800-17.

Nach der Unfallverhütungsvorschrift »Feuerwehren« (GUV-49) dürfen Feuerwehrangehörige Stellen mit Absturzgefahr nur betreten, wenn Sicherungsmaßnahmen gegen Absturz getroffen wurden. Die Einsatzleiter haben dementsprechend auch eine gesetzliche Verpflichtung, für den Schutz ihrer Anvertrauten zu sorgen.

Die theoretische und praktische Schulung in der Anwendung des Gerätesatzes Absturzsicherung muss von erfahrenen Ausbildern durchgeführt werden und sollte mindestens 24 Stunden betragen. Ausbilderschulungen umfassen 36 Stunden. Die folgende Matrix zeigt die Qualifikationen:

1 Einleitung

Tabelle 1: *Qualifikation der Ausbilder und Anwender*

	Halten/ Rückhalten	Absturz- sicherung	Einfache Rettung aus Höhen und Tiefen (ERHT)	Höhenretter (HöRett)
Anwender	Jeder Feuer- wehrangehörige 3 Stunden im Truppmann Teil 1	Lehrgang Ab- sturzsicherung 24 Stunden + jährliche Fort- bildung[1]	Lehrgang ERHT 12 Stunden + jährliche Fort- bildung[1]	Lehrgang: Grund- ausbildung Höhenrettung (80 Stunden) Jährliche Fort- bildung (72 Stunden)
Multi- plikatoren	Kreisausbilder	<ul><li>Ausbilder Höhenrettung</li><li>Multiplikatoren mit folgender Ausbildung: – Ausbildereignung (LG 126 oder 125) – Gruppenführer (LG 101) – Lehrgang: Multiplikator für Absturzsicherung + ERHT – 36 Stunden (Anerkennung für ausgebildete, aktive Höhenretter nach Einweisung auf das Curriculum möglich) – Multiplikatorenfortbildung alle 3 Jahre</li></ul>		Lehrgang: <ul><li>Ausbildung Höhenret- ter (80 Stun- den)</li><li>Jährliche Fortbildung (72 Stun- den)</li><li>Ausbilder- fortbildung</li></ul>
Ausbilder für Multi- plikatoren		Ausbilder Höhenretter nach Anerkennung der LFS Ausbilder der LFS mit Qualifikation		

[1] Es werden jeweils mindestens 12 Stunden praktische Ausbildung pro Jahr empfohlen. Zusätzlicher Fort- bildungsbedarf wird durch den individuellen Leistungsstand des Einzelnen bestimmt. Geleistete Einsatzzeiten sind vergleichbar anzurechnen.

1 Einleitung

Die Anwendung des Gerätesatzes Absturzsicherung muss von eingewiesenen Feuerwehrangehörigen praktiziert werden und setzt ein ständiges Üben voraus. Nur dies gewährleistet eine effiziente und sichere Handhabung, die eventuell über das Leben des Feuerwehrangehörigen entscheidet. Als Voraussetzung für die Teilnahme an der Ausbildung sollten die Feuerwehrangehörigen in der Lage sein, an exponierten Einsatzstellen in Höhen und Tiefen zu arbeiten. Es sollte eine spezielle Facheinheit innerhalb einer Feuerwehr installiert werden, die ausgebildet und trainiert ist. Für die Anwendung sind die Führungskräfte an der Einsatzstelle verantwortlich. Eine Gefährdungsermittlung, bei der die analysierten Risiken an der

Bild 1: *Nachlöscharbeiten nach einem Brandeinsatz (hier ohne Sicherungsmaßnahmen gegen Absturz)*

1 Einleitung

Einsatzstelle bewertet werden, ist zwingend durchzuführen, um notwendige Präventivmaßnahmen einleiten zu können. Bei bestimmten Lagen ist ein zweiter Gerätesatz Absturzsicherung mit dem dazugehörigen Personal als Sicherungstrupp ausreichend. Bei sich abzeichnenden Problemlagen ist die gleichzeitige Alarmierung einer Höhenrettungsgruppe immer zu empfehlen, selbst wenn sich die Alarmierung im Nachhinein als nicht erforderlich erweist. Die örtlich zuständigen Feuerwehren werden zum Teil mit sehr schwierigen Einsatzlagen konfrontiert. Kräfte und Mittel für eine patientengerechte Rettung sind hier oft nicht vorhanden. Gleichzeitig alarmierte Spezialkräfte konnten in der Vergangenheit sehr schwierige Einsatzaufgaben sicher lösen.

Beispiele für die Anwendung des Gerätesatzes Absturzsicherung:

- Arbeiten auf maroden Dächern und Dachkanten,
- Arbeiten auf Dächern nach Bränden (Bild 1),
- Beseitigung von Schneelasten und Sturmschäden,
- Arbeiten auf schrägen Ebenen mit Absturzkante (z. B. Abhänge, Böschungen und Hänge),
- Arbeiten an Bau- und Montagegruben sowie Gräben,
- Begehung von Kränen und Gittermasten sowie gesicherten langen Leiteraufstiegen,
- Sicherung beim Einstieg in Gruben, Schächte und Silos,
- nicht begehbare Bauteile (z. B. Lichtkuppeln, Asbestzement-Wellplatten, Glasdächer) erfordern zusätzlich zum Einsatz von Persönlicher Schutzausrüstung Maßnahmen gegen Durchbruch,

1 Einleitung

- gesicherter Vorstieg zur Sicherung und Betreuung einer Person,
- Umlenkung des Sicherungsseils über DLAK (Top-Rope-Sicherung),
- Redundanzsicherung für den Gerätesatz Flaschenzug mit und ohne Schleifkorbtrage.

2 Definitionen

Absturzgefährdeter Bereich	Bereich, in dem es aus strukturellen und räumlichen Bedingungen zu einem Unfall durch Absturz kommen kann, der aber, abgesehen vom Absturzrisiko, ohne Hilfsmittel erreichbar wäre.
Anschlagpunkt	Festpunkt, an dem das Seil für den Vorsteiger angeschlagen wird; belastbar mit mindestens 10 kN.
Fahrzeugführer (Einheitsführer)	Der Verantwortliche für die Tätigkeit im Abschnitt Absturzsicherung.
Fangstoß	Beim Abfangen eines Sturzes auftretende Kraftspitze, die auf das gesamte Sicherungssystem wirkt.
HMS	Halb-Mastwurf-Sicherung; Bremsknoten, der in einen HMS-Karabiner eingelegt wird und einen Sturz durch Seildurchlauf »weich« bis zum Stillstand abbremst. Bei einer Belastung < 250 kg wirkt der HMS-Knoten statisch.
Kantenschutz	Hilfsmittel aus Textil oder Metall, um Seile und Bandschlingen an scharfen Kanten vor Zerstörung zu schützen.

Definitionen

Kernmantelseil	Zweiteilige Seilkonstruktion, wobei der innen liegende Kern vom äußeren Mantel geschützt wird. Der Kern besteht aus mehreren Zwirnen und ist das tragende Element der Konstruktion.
Kilo-Newton (kN)	Maßeinheit für die Kraft 1 kg = 10 N (Newton) 1000 kg = 10 kN 1,0 Tonnen = 10 kN (= Mindest-Haltekraft des Festpunktes)
Krangeln	Spiralförmige, knotenähnliche Gebilde, die durch Verdrehen um ihre Seilachse (z. B. beim Durchlauf durch den HMS-Karabiner) entstehen. Aushängen des Seils revidiert dies.
Redundanz	Vollwertiges System, das bei Ausfall des Hauptsystems dessen Aufgabe übernimmt (z. B. beim Ausrutschen der Füße und Abstürzen greift das Seilsystem).
Scharfkantentest	Prüfung der Scharfkantenfestigkeit des Seils beim Normsturz und bei Normsturzzahl. Kantenradius 0,75 mm. Standard-Sturzprüfung mit Kantenradius 5,00 mm (Karabinerradius).
Selbstsicherung	Eigensicherung zur Verhinderung von Abstürzen und Weglaufen.

2 Definitionen

Sicherung dynamisch	Verwendung einer Seilbremse, durch die das Seil im Falle einer plötzlichen Belastung kontrolliert durchläuft. Hierbei wird Reibung erzeugt und ein Teil der kinetischen Energie in Wärme umgewandelt. Es entsteht ein »weicher Sturz«.
Sicherung statisch	Sicherung ohne Seilbremse (z.B. Bandschlinge an Festpunkt und Auffanggurt). Beim Fall entsteht ein »harter Sturz«.
Sicherungskette	Ein Verbund aller Elemente des Sicherungssystems. Hierzu zählen der Anschlagpunkt und alle Komponenten des Gerätesatzes Absturzsicherung, wobei das Seil das kraftübertragende Bindeglied ist.
Sicherungsmann	Feuerwehrangehöriger, der den Vorsteiger mittels der Seilbremse HMS am Seil führt.
Sicherungsmann 2 (Seilmanager)	Feuerwehrangehöriger, der das Seil aus dem Seilsack zum Sicherungsmann führt und bei dessen Ausfall als Redundanz dient.
Sturz	Freier Fall eines Körpers. Die Schwere wird von verschiedenen Faktoren bestimmt, u. a. auch vom Sturzfaktor.

2 Definitionen

Sturzfaktor	Theoretische Größe, die die Schwere eines Sturzes bestimmt. Der Sturzfaktor ist das Verhältnis zwischen möglicher Sturzhöhe (freier Fall) und ausgegebener Seillänge.
Vorsteiger	Derjenige, der sich in den absturzgefährdeten Bereich begibt.

3 Abgrenzung Absturzsicherung – Höhenrettung

Abzugrenzen von der Absturzsicherung ist die Rettung (und Technische Hilfeleistung) aus Höhen und Tiefen, bei der frei hängend im Seil gearbeitet werden muss. Dies ist speziellen Höhenrettungsgruppen vorbehalten, deren Angehörige eine mindestens 80-stündige Ausbildung an einer anerkannten Ausbildungsstätte absolviert haben. Der jährliche Fortbildungsaufwand liegt bei 80 bis 100 Stunden. Höhenrettungsgruppen besitzen spezielle Einsatzmittel für eine patientengerechte Rettung auch bei extrem schwierigen Einsatzlagen (Bild 2). Sie können Notfallpatienten medizinisch Erstversorgen und die technische Rettung in exponierten Bereichen durchführen.

Höhenrettungseinsätze werden mit redundanten Systemen (zwei voneinander unabhängige Festpunkte und getrennte Seilsysteme, Arbeitsseil und Sicherungsseil) durchgeführt. Sollte beim Arbeitsseil ein Defekt aufgrund einer Kantenabrasion entstehen, kann das Sicherungsseil sofort die Last in vollem Umfang übernehmen. Sollte es beim Einsatz mit dem Gerätesatz Absturzsicherung zu einem freien Im-Seil-hängen kommen und dann ein Defekt auftreten, besteht keine Redundanz und es folgt somit unweigerlich ein Absturz.

Im Unterschied zur Absturzsicherung verfügen Höhenrettungsgruppen über wesentlich andere Ausrüstungen, andere Geräte, andere Methoden und Anwendungsbereiche sowie andere Ausbildungsinhalte.

3 Abgrenzung Absturzsicherung – Höhenrettung

Bild 2: *Höhenretter im Einsatz an einer Windkraftanlage*

Diese Grenzen müssen akzeptiert werden. Durch falsche Interpretation oder irrationalen Ehrgeiz gerät man aufgrund fehlender Fachkompetenz und mangelnder praktischer Übungs- und Einsatzerfahrung schnell an die Grenze der Selbstüberschätzung. Dies gefährdet nicht nur den Einsatzerfolg, sondern birgt auch ein hohes Risikopotenzial, das die Gesundheit der Feuerwehrangehörigen und anderer beteiligter Personen gefährdet

4 Theoretische Grundlagen

Fangstoß

Der Fangstoß ist die Energie, die am Ende eines Sturzes auf den Körper des Fallenden und alle Glieder der Sicherungskette einwirkt (Bild 3). Der Fangstoß sollte maximal 6 kN betragen. Er wird bestimmt von der Art des Seils, dem Sturzfaktor, dem Gewicht des fallenden Objekts und dem Sicherungsverfahren (HMS-Knoten oder automatisch blockierendes Sicherungsgerät). Der Fangstoß kann vermindert werden, wenn dynamisch gesichert wird, d. h. ein Teil der Fangstoßkraft wird mit Seildurchlauf in der HMS-Bremse gemindert, was jedoch eine Sturzstreckenverlängerung mit sich zieht.

Dynamisches Leistungsverhalten von Seilen

Kevlarseile haben zwar die höchste Bruchkraft, können aber keine Sturzenergie aufnehmen. Der Fangstoß kommt somit schlagartig, ist hoch und wirkt auf den Fallenden »hart«. Dynamikseile benötigen keine hohe Bruchkraft, da sie die Sturzenergie durch eine Veränderung der Kernfasern abbauen. Der Sturz wird dadurch »weicher« (Bild 4).

4   Theoretische Grundlagen

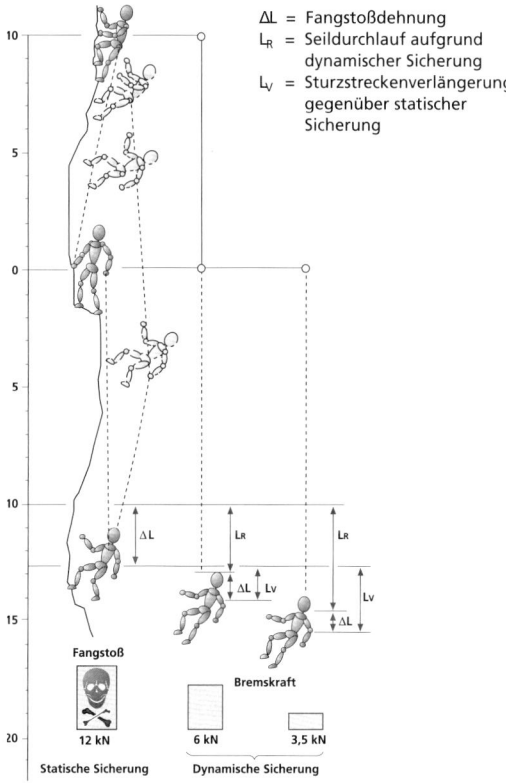

Bild 3: *Fangstoß*

4 Theoretische Grundlagen

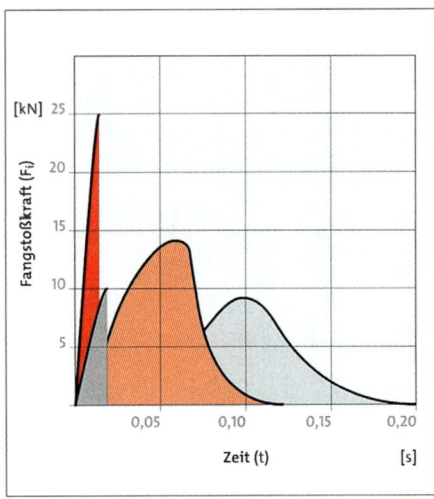

Dynamisches Leistungsvermögen

Seilart	⌀
Kevlarseil (Kern-Mantel-Seil)	6 mm
FW-Leine (Spiralgeflecht)	10 mm
TEC-Static (Kern-Mantel-Seil)	10 mm
Flex-Dynamik (Kern-Mantel-Seil)	11 mm

Bild 4: *Fangstoßkräfte bei Fallversuchen (Quelle: Bornack GmbH + Co. KG, Ilsfeld)*

Theoretische Grundlagen

Sturzfaktor

Der Sturzfaktor ist das Verhältnis zwischen Fallhöhe und ausgegebener Seillänge (max. 2, siehe auch Bild 5). Je niedriger der Sturzfaktor ist, desto geringer ist die Belastung der Sicherungskette und der Fangstoß (Belastung des menschlichen

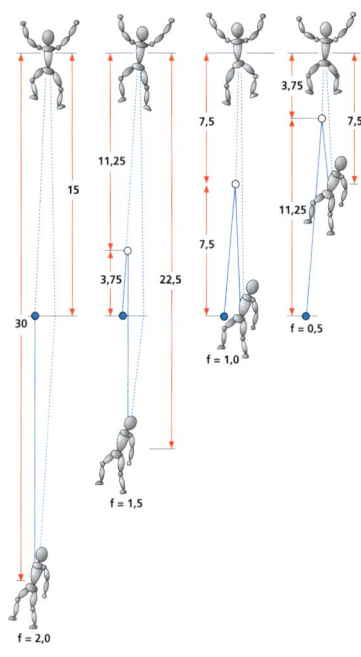

Bild 5: *Sturzfaktor*

Theoretische Grundlagen

Körpers). Er wird berechnet aus Sturzhöhe geteilt durch freie Seillänge.

$$\text{Sturzfaktor} = \frac{\text{Sturzhöhe}}{\text{Freie Seillänge}}$$

Die Fallhöhe kann durch Setzen von Zwischensicherungen reduziert werden.

1. Beispiel:	Fallhöhe 30 m,	ausgegebene Seillänge 15 m	= Sturzfaktor 2
2. Beispiel:	Fallhöhe 22,5 m,	ausgegebene Seillänge 15 m	= Sturzfaktor 1,5
3. Beispiel:	Fallhöhe 15 m,	ausgegebene Seillänge 15 m	= Sturzfaktor 1
4. Beispiel:	Fallhöhe 7,5 m,	ausgegebene Seillänge 15 m	= Sturzfaktor 0,5

5 Knoten

Grundlage: Alle Knoten werden aus Auge und Bucht geformt. Beim Auge wird das Seil gekreuzt, bei der Bucht wird das Seil parallel gelegt (Bild 6).

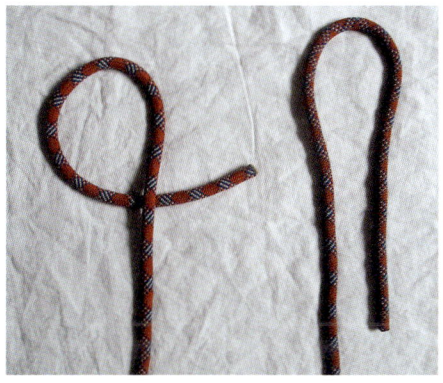

Bild 6: *Auge (links), Bucht (rechts)*

Mastwurf

Beim Mastwurf wird das Seil als Auge um einen Festpunkt gelegt (Bild 7a). Anschließend wird es nochmals als Auge (neben dem anderen Auge) um den Festpunkt gelegt (Bild 7b). Die Sicherung des Knotens erfolgt mit einem doppelten Spierenstich (Bild 7c).

5 Knoten

Bild 7a: *Das Seil wird als Auge um einen Festpunkt gelegt.*

Bild 7b: *Anschließend wird es nochmals als Auge um den Festpunkt gelegt.*

5 Knoten

Bild 7 c: *Ein doppelter Spierenstich sichert den Mastwurf.*

Doppelter Spierenstich zum Sichern des Mastwurfs

Das Auge wird zweimal um das Seil gelegt (Bild 8a). Anschließend wird das freie Ende von oben durch das Auge gesteckt (Bild 8b). Der Spierenstich wird zum Knoten hin festgezogen (Bild 8c).

Bild 8a: *Das Auge wird zweimal um das Seil gelegt.*

5 Knoten

Bild 8b: *Anschließend wird das freie Seilende von oben durch das Auge gesteckt.*

Bild 8c: *Der Spierenstich wird zum Knoten hin festgezogen.*

Achterknoten: Gelegt

Der gelegte Achterknoten dient zum Herstellen einer Schlaufe. Er lässt sich nach der Belastung relativ einfach öffnen und wird als Knotenschlaufe zum Fixieren des HMS-Karabiner verwendet. Zunächst wird mit dem Buchtende ein Auge gebildet und unter dem Seil durchgeführt (Bild 9a). Anschließend wird die Bucht darüber gelegt und von hinten unten durch das Auge nach vorne oben gesteckt (Bild 9b).

5 Knoten

Bild 9 a: *Mit dem Buchtende wird ein Auge gebildet und unter dem Seil durchgeführt.*

Bild 9 b: *Die Bucht wird von hinten unten durch das Auge nach vorne oben gesteckt.*

Bild 9 c: *Auf eine saubere Seilführung ist zu achten.*

5 Knoten

Achterknoten: Gestochen

Der gestochene Achterknoten dient zum Einbinden in den Anseilgurt. Dabei wird ins Seil zirka 50 Zentimeter vor dem Seilende ein einfacher Achterknoten gelegt (Bild 10a). Das Seilende wird durch die Anseilschlaufe gezogen und der Seilverlauf rückwärts nachgesteckt (Bild 10b). Alle Umkehrungen werden nachgefahren (Bild 10c). Der gestochene Achterknoten (Bild 10d) braucht nicht mehr mit einem Spierenstich gesichert werden (AGBF-Empfehlung 2019).

Bild 10a: *Ins Seil wird etwa 50 Zentimeter vor dem Seilende ein einfacher Achterknoten gelegt.*

5 Knoten

Bild 10 b: *Das Seilende wird durch die Anseilschlaufe gezogen und der Seilverlauf rückwärts nachgesteckt.*

Bild 10 c: *Die Umkehrungen werden nachgefahren.*

5   Knoten

Bild 10 d: *Der fertig gestochene Achterknoten.*

HMS-Knoten (Halb-Mastwurf-Sicherung)
Der HMS-Knoten ist ein Bremsknoten, der bei einer Belastung > 250 kg dynamisch das Seil bremst, darunter jedoch den Stürzenden statisch hält.

Das Seil wird zu einem Auge gelegt. Es muss mit der Richtung zum Vorsteiger oben über das Auge laufen (Bild 11a). Das in der rechten Hand unten liegende Seil wird zum Auge gelegt (Bild 11b). Das Seil wird parallel zum eigenen Seil gelegt, sodass es zu einer Bucht wird, durch die ein Seil läuft (Bild 11c). Beide parallel verlaufenden Seile werden in den Karabinerhaken eingeklinkt (Bild 11d). Überprüfung: Der Knoten muss beim Seilzug in jeweils eine Richtung umschlagen können und in beide Richtungen funktionsfähig sein (Bild 11e).

5 Knoten

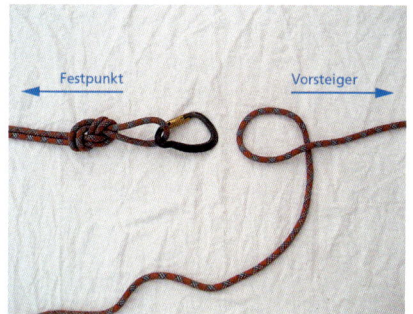

Bild 11 a: *Das Seil muss mit der Richtung zum Vorsteiger oben über das Auge laufen.*

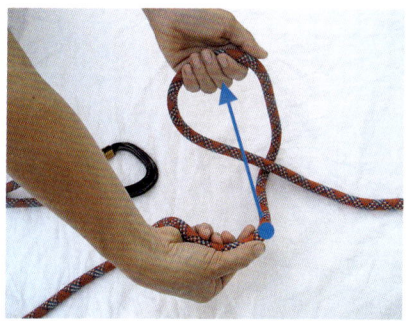

Bild 11 b: *Das in der rechten Hand unten liegende Seil wird zum Auge gelegt (der Punkt zeigt die Lageveränderung des Seils).*

5 Knoten

Bild 11 c: *Das Seil wird parallel zum eigenen Seil gelegt, sodass es zu einer Bucht wird, durch die ein Seil läuft.*

Bild 11 d: *Beide parallel verlaufenden Seile werden in den Karabinerhaken eingeklinkt.*

5 Knoten

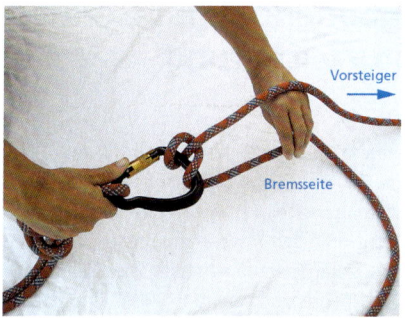

Bild 11e: *Der Knoten muss beim Seilzug in jeweils eine Richtung umschlagen können und in beide Richtungen funktionsfähig sein.*

Merke:

Die Bremskraft ist optimal, wenn beide Seilstränge parallel liegend zum Vorsteiger zeigen.

6 Komponenten des Gerätesatzes Absturzsicherung

Der Gerätesatz Absturzsicherung wird in der DIN 14800-17, Ausgabe: 2015 »Feuerwehrtechnische Ausrüstung für Feuerwehrfahrzeuge – Teil 17: Gerätesatz Absturzsicherung« beschrieben. Nur in der Anwendung unterwiesene Einsatzkräfte dürfen die Komponenten einsetzen (siehe Bild 2). Die Höhen- bzw. Tiefenbegrenzung beträgt 30 m. Eingesetzt wird er in Bereichen in denen aus strukturellen oder räumlichen Bedingungen eine Absturzgefahr besteht.

6.1 Auffang- und Sitzgurt (DIN EN 361 und DIN EN 813)

Mit frontseitigem sternalen (im Brustbereich liegenden) Anschlagpunkt als Auffangöse und ventraler (in Bauchnähe liegende) Halteöse (Bild 12a).

Auffanggurte sind das ergonomische Bindeglied der Sicherungskette zum Körper des Feuerwehrangehörigen und übernehmen daher lebenswichtige Funktionen bei einem Sturz ins Seil: Die Fangstoßkräfte werden oberhalb des Körperschwerpunktes eingeleitet und auf die stabilsten Körperbereiche übertragen (Brustkorb, Becken, Oberschenkel). Der Oberkörper wird beim Hängen in einer aufrechten Position gehalten und kippt nicht nach hinten ab (siehe Bild 13). Wichtig ist hierbei, dass der Anseilpunkt an der obersten Gurtschlaufe

6.1 Auffang- und Sitzgurt (DIN EN 361 und DIN EN 813)

vorne mittels gestecktem Achterknoten durchzuführen ist. Die ventrale Halteöse dient zur statischen Standplatzsicherung oder bei Höhenrettungsgruppen zur Fixierung des Abseilgerätes. Alternativ kann auch ein einteiliger Auffanggurt verwendet werden. Bei diesem Gurt ist auch ein Anschlagen an der rückseitigen Auffangöse möglich.

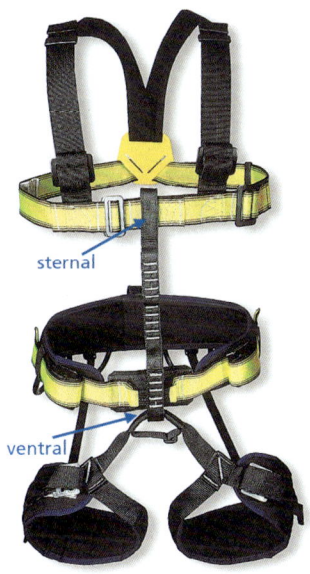

Bild 12 a: *Brust-Sitzgurt-Kombination (Quelle: Bornack GmbH + Co. KG, Ilsfeld)*

6 Komponenten des Gerätesatzes Absturzsicherung

Bild 12 b und 12 c: *Brust-Sitzgurt-Kombination*

Das Seilanschlagen am Gurt mit einem Karabiner birgt die Gefahr der Karabinerquerbelastung beim Arbeiten und/oder dass sich der Vorsteiger am Arbeitspunkt im absturzgefährdeten Bereich eventuell selbst ausklinkt und abstürzen kann. Ein Anseilpunkt hinten bewirkt bei einem Sturz eine schmerzhafte Krafteinwirkung im Brustkorb- und Genitalbereich, die nur ein kurzfristiges Hängen erlaubt. Daher ist davon abzuraten das Dynamikseil hinten anzuschlagen (Bild 14).

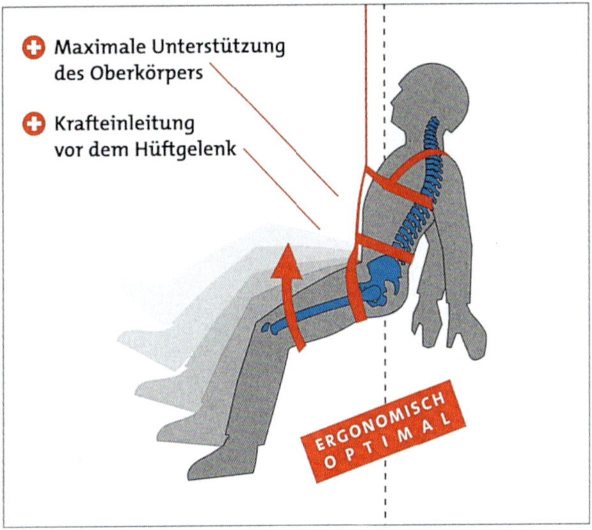

6.1 Auffang- und Sitzgurt (DIN EN 361 und DIN EN 813)

Bild 13: *Fangstoßeinleitung auf den Körper (Quelle: Bornack GmbH + Co. KG, Ilsfeld)*

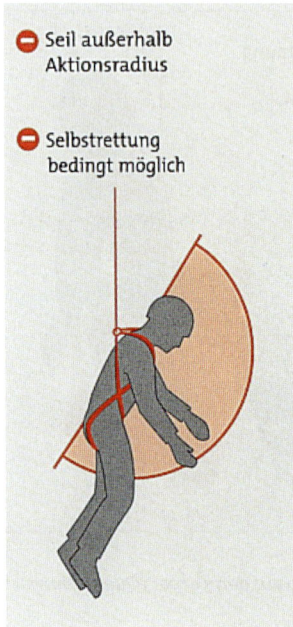

Bild 14: *Ein Anseilpunkt hinten bewirkt bei einem Sturz eine schmerzhafte Krafteinwirkung im Brustkorb- und Genitalbereich, daher ist davon abzuraten. (Quelle: Bornack GmbH + Co. KG, Ilsfeld)*

Die Brust-Sitzgurt-Kombinationen dienen zum Halten, Rückhalten und Auffangen, der Feuerwehr-Haltegurt dagegen nur zum Halten und Rückhalten. Das Gurtsystem muss auch bei angelegtem umluftunabhängigem Atemschutzgerät eine einwandfreie Benutzung ermöglichen.

Anseilgurte werden praktischerweise dem zu Sichernden durch einen Helfer über oder unter der Feuerwehr-Schutz-

6.1 Auffang- und Sitzgurt (DIN EN 361 und DIN EN 813)

kleidung angelegt. Auf den korrekten Sitz und geschlossene Verschlüsse ist zu achten. Außerdem ist die Gebrauchsanweisung zu beachten. Gürteltaschen mit Messer, Taschenlampen u. Ä. sollten entfernt werden, da es im Falle eines Sturzes durch ihre Position unterhalb des Gurtes zu Verletzungen kommen kann.

Die Ausrüstungskomponenten und Werkzeuge können an den Materialschlaufen befestigt werden. Diese haben eine Bruchkraft von 50 Kilogramm und sind nicht zum Anschlagen oder Halten von Seilen geschaffen.

6 Komponenten des Gerätesatzes Absturzsicherung

Bild 15: *Bandschlingen an Umhängeschlinge um die Schulter hängend*

Bild 16: *Bandschlingen einzeln an den Materialschlaufen des Auffanggurtes eingehängt*

Praxistipp:

Die mit Karabiner befestigten Bandschlingen an einer 80 Zentimeter langen Bandschlinge um die Schulter hängen oder einzeln an den Materialschlaufen des Auffanggurtes einhängen (Bilder 15 und 16).

6.2 Seile

Dynamische Kernmantelseile gemäß DIN EN 892

Der Mantel bewirkt die Schutzfunktion und nimmt etwa 30 Prozent der Last auf. Der Kern nimmt zirka 70 Prozent der Last auf und besteht aus kleinsten Polyamid-Fasern, die zu Kernfasern und Kerngeflechten verarbeitet sind (Bild 17).

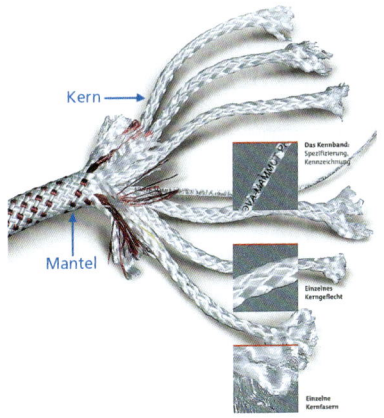

Bild 17: *Seilkonstruktion (Quelle: Bornack GmbH + Co. KG, Ilsfeld)*

6 Komponenten des Gerätesatzes Absturzsicherung

Die Leistungsfähigkeit eines Seiles:
- Durchmesser 11 mm,
- 6 % Dehnung bei 80 kg,
- Normstürze > 12,
- Fangstoß < 10 kN,
- Scharfkantengeprüft nach TL 4020–0015,
- 60 m Länge.

Das Bild 18 zeigt mithilfe der Kraft-Dehnungskurven die Seilbrucharbeit (Leistungsvermögen) von verschiedenen Seilen, das Bild 19 zeigt die Dehnungseigenschaften verschiedener Seile bei einer Belastung mit einer Masse von 150 Kilogramm.

Kernmantelseile weisen bei Beschädigung des Mantels immer noch hohe Sicherheitsreserven bei intaktem Kern auf. Seilbrüche sind so gut wie ausgeschlossen, nur eine scharfe Kante ist eine Gefahr für ein dynamisches Seil.

6.2 Seile

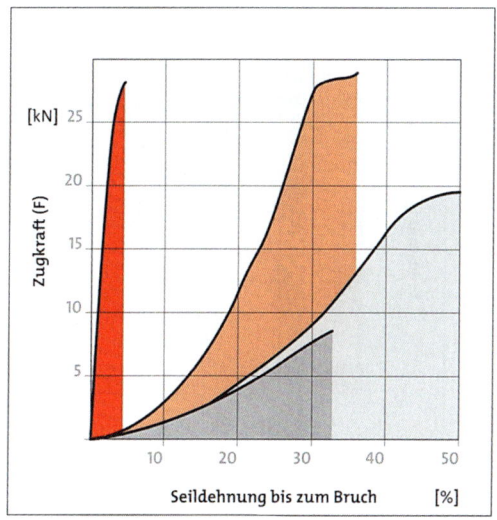

	Seiltype	Seil-Ø
	Kevlarseil	6 mm
	FW-Leine	10 mm
	FALLSTOP TEC-Static	10 mm
	FALLSTOP Flex-Dynamik	11 mm

Bild 18: *Seilbrucharbeit von Seilen (Quelle: Bornack GmbH + Co. KG, Ilsfeld)*

6 Komponenten des Gerätesatzes Absturzsicherung

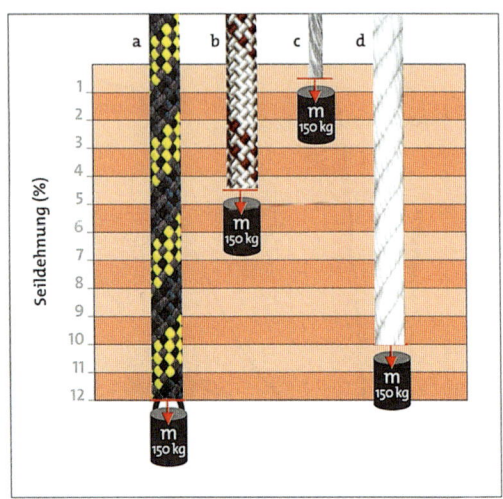

Kraft-Dehnungsdiagramm

	Seiltype	Seil-ø	Dehnung bei 150 kg
a	Δl Bergseil	11 mm	bis zu 12%
b	Δl Statikseil	10 mm	bis zu 4,5%
c	Δl Stahlseil	6 mm	ca. 0,5%
d	Δl FW-Leine*	10 mm	bis zu 10%

Bild 19: *Dehnungseigenschaften von Seilen (Quelle: Bornack GmbH + Co. KG, Ilsfeld)*

6.3 Bandschlingen (DIN EN 354 und DIN EN 795)

Bandschlingen dienen als Verbindungsmittel zum Herstellen von Zwischensicherungen und als Anschlagmittel (Bild 20). Für die Absturzsicherung werden folgende Bandschlingen benötigt:
- 15 Stück Nutzlänge 80 cm,
- 2 Stück Nutzlänge 150 cm.

Die Bandschlingen müssen endlos vernäht sein und eine Mindestzugkraft > 22 kN aufweisen.

Praxistipp:
Sinnvoll ist es, bei unterschiedlichen Längen verschiedene Farben zu verwenden, um eine visuelle Unterscheidung zu ermöglichen.

Das Bild 21 zeigt die Bruchkräfte von Bandschlingen bei verschiedenen Anwendungsformen.

Sinnvolle Zusatzausstattung:
SEP-Schlingen – **S**harp-**E**dge-**P**rotect (scharfkantengeschützt)
SEP-Schlingen dienen als Anschlagmittel bei scharfen Kanten, zur Zwischensicherung und Umlenkung.
- Nutzlänge 2 m und 70 cm,
- Mindestzugkraft > 22 kN.

6 Komponenten des Gerätesatzes Absturzsicherung

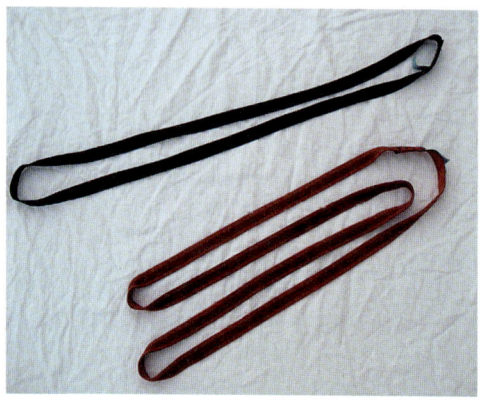

Bild 20: *Bandschlingen*

Eine Kevlarummantelung schützt die Bandschlinge vor Schnitten. SEP-Schlingen sind im Ankerstichverfahren zu verwenden und dürfen nicht in Karabiner eingehängt werden, um den Messingring im Karabiner nicht zu beschädigen. Sie sind ideal geeignet für Zwischensicherungen an Gittermasten und Kranstrukturen (Bild 22). Diese Schlinge kann auch als Anschlagschlinge an einem Festpunkt fixiert werden. Der Karabiner sollte hier aber als HMS-Karabiner integriert sein.

6.3 Bandschlingen (DIN EN 354 und DIN EN 795)

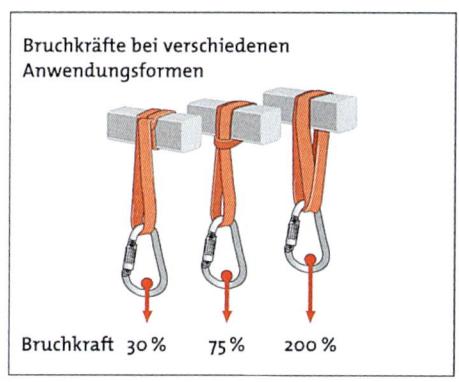

Bild 21: *Bruchkräfte bei verschiedenen Anwendungsformen. Im Ankerstich ist auf die Scherwirkung zu achten, die die Bruchkraft mindert! (Quelle: Bornack GmbH + Co. KG, Ilsfeld)*

6 Komponenten des Gerätesatzes Absturzsicherung

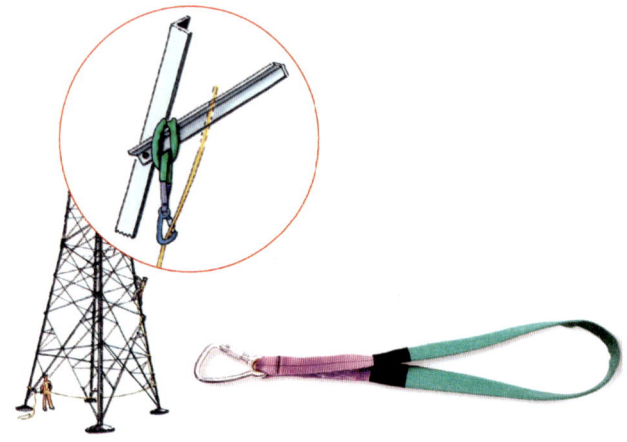

Bild 22: *SEP-Schlinge (Quelle: Bornack GmbH + Co. KG, Ilsfeld)*

6.4 Karabiner (DIN EN 362)

Für die Absturzsicherung werden 17 Karabiner mit Verschlusssicherung nach DIN EN 362 oder DIN EN 12275 und einer Bruchkraft in Längsrichtung > 22 kN benötigt. Sie dienen als Hilfsmittel zum Verbinden von Seilen und Bandschlingen sowie zum Anschlagen. Reine HMS-Karabiner eignen sich nicht als Zwischensicherungskarabiner, weil durch ihre Birnenform das Seil oder die Bandschlinge auf der Schenkelseite des Schnappers zum Liegen kommen kann. Die höchste Last nimmt die geschlossene Schenkelseite auf (siehe auch Bild 60).

6.4 Karabiner (DIN EN 362)

Praxistipp:

- Twist-Lock-Karabiner mit Zwei-Wege-Verschluss (Drehen-Öffnen) eignen sich in der Handhabung mit Handschuhen für die Zwischensicherungen am besten.
- Schraubkarabiner sind umständlicher, das Zuschrauben kann vergessen werden und es entsteht ein Risiko des Aushängens.
- Twist-Lock-Plus-Karabiner sind für die Zwischensicherungen ebenso umständlich, jedoch obligatorisch als HMS-Karabiner, da sie einen Drei-Wege-Verschluss (Hochschieben-Drehen-Öffnen) besitzen.

Für die Absturzsicherung wird ein HMS-Karabiner mit selbstschließendem Schnapper (Twist-Lock-Plus-Verschluss) benötigt. Zum Öffnen sind hier drei voneinander unabhängige Bewegungen erforderlich. Beim Loslassen des Schnappers wird der Karabiner automatisch verschlossen.

Mindest-Bruchlast der Karabiner:

- Geschlossen ins Längsrichtung   22 kN
- Schnapper – offen   6 kN
- Querbelastung   6 kN

Das Bild 23 zeigt verschiedene Karabinerformen und das Bild 24 verschiedene Verschlusssicherungen.

6 Komponenten des Gerätesatzes Absturzsicherung

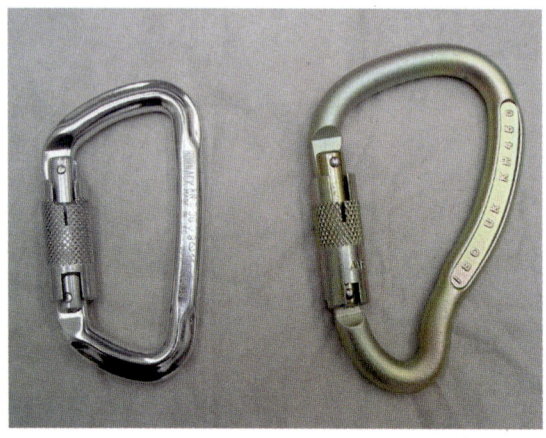

Bild 23: *Karabinerformen: D-Karabiner mit Twist-Lock-Verschluss (links) und HMS-Karabiner mit Twist-Lock-Plus-Verschluss (rechts)*

6.4 Karabiner (DIN EN 362)

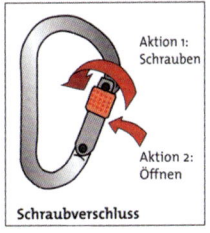

Schraubverschluss
- ➕ einfachste Handhabung
viele kritische Faktoren:
- ➖ unbeabsichtigtes Aufschrauben bei bewegtem Seil oder bei Vibrationen
- ➖ das Zuschrauben wird trotz visueller Indikation in der Hektik vergessen
- ➖ die Verschlusshülse wird zugeschraubt, aber der Schnapper ist noch geöffnet

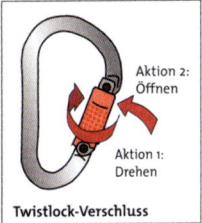

Twistlock-Verschluss
- ➕ automatische Verschlusssicherung, schließt immer
kritischer Faktor:
- ➖ nicht zu Verwenden mit HMS-Knoten

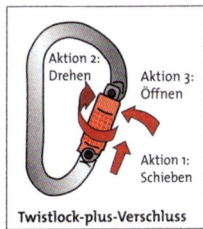

Twistlock-plus-Verschluss
- ➕ maximale Sicherheit gegen unbeabsichtigtes Öffnen
kritischer Faktor:
- ➖ gewöhnungsbedürftige Bedienung

6 Komponenten des Gerätesatzes Absturzsicherung

Druckknopf-Verschluss
- ➕ automatische Verschlusssicherung schließt immer **kritischer Faktor:**
- ➖ mit Handschuhen nicht zu bedienen

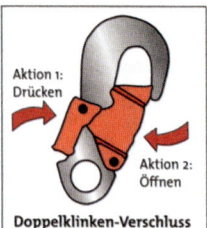

Doppelklinken-Verschluss
- ➕ maximale Sicherheit gegen unbeabsichtigtes Öffnen

Bild 24: *Verschiedene Verschlusssicherungen (Quelle: Bornack GmbH + Co. KG, Ilsfeld)*

6.5 Schutzhandschuhe (DIN EN 388)

Spezielle Kevlar-Handschuhe mit Schnittschutz und Noppenbesatz an der Griffseite der Finger erleichtern das Handling mit dem Gerätesatz Absturzsicherung erheblich (Bild 25). Sie können vom Sicherungsmann und vom Vorsteiger benutzt werden. Einfache Handschuhe ohne Schnittschutz sind nicht zulässig.

6.6 Kantenschutz

Bild 25: *Schutzhandschuhe*

6.6 Kantenschutz

Die größte Gefahr einer Bandschlingen- oder Seilbeschädigung entsteht an Kanten. Darum sind Bandschlingen und Seile an Kanten mit einem entsprechenden Schutz aus Textilgewebe oder Metall auszustatten (Bild 26). Ein Verrutschen des Schutzes kann durch Festbinden mit Reepschnüren verhindert werden.

Praxistipp:
Wolldecken und aufgeschnittene Feuerwehrschlauchstücke können ebenso als Kantenschutz verwendet werden.

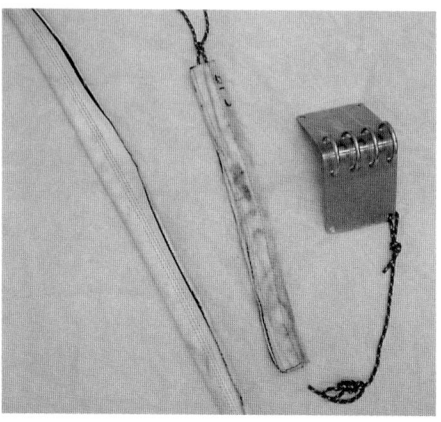

Bild 26: *Kantenschutz aus Feuerwehrschlauch (links), Textil (Mitte) und Metall (rechts)*

6.7 Selbstsicherung mit Falldämpfer (optional) (Sicherung im Nahbereich – DIN EN 354 und 355)

Dieses Sicherungssystem ist ein Verbindungsmittel mit integriertem Falldämpfer (Y-Schlinge) und einer Gesamtlänge < 2 m. Es besteht u. a. aus zwei großen Anschlagkarabinern (Rohrhakenkarabiner) und einem Verbindungselement mit Verschlusssicherung am Falldämpfer zum Auffanggurt (Bild 27).

6.7 Selbstsicherung mit Falldämpfer (optional)

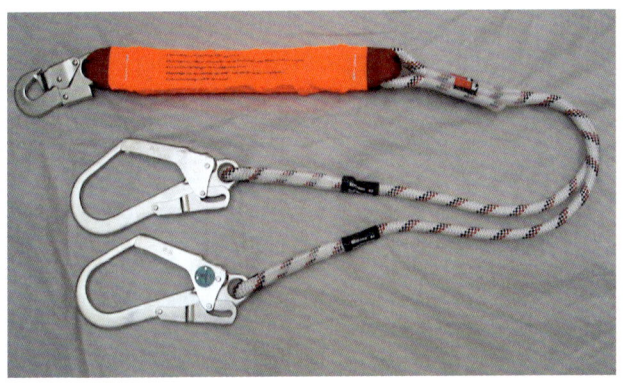

Bild 27: *Bandfalldämpfer mit Y-Stück und Rohrhakenkarabiner*

Das System ermöglicht z. B. ein gesichertes Aufsteigen an einem Baugerüst ohne Seilsicherung, wobei immer ein oder beide Karabiner an der Struktur eingehängt sein müssen. Für die Standplatzsicherung des Sicherungsmannes (z. B. auf einem Baukran) kann das System ebenso verwendet werden. Dieser muss dann auch einen Auffanggurt (kein Feuerwehr-Haltegurt!) tragen. Der Falldämpfer reduziert bei einem Sturz den Fangstoß auf 6 kN, indem die Fasern des zusammengenähten Teils aufreißen. Der Falldämpfer verlängert sich dadurch um etwa 175 Zentimeter.

6.8 Verbindungsmittel zur Arbeitsplatzpositionierung

Ein 2 m langes Halteseil nach DIN EN 358 und 354 das eine Längeneinstellung (verkürz- oder verlängerbar) auch unter Last dient dazu sich an Masten oder Einsatzstellen zu fixieren und die Hände frei zu haben. Kann auch im Einzelstrang verwendet werden, zum Beispiel um außerhalb des Korbs der DLAK gesichert zu sein. Das Halteseil ist straff zu führen und muss von oben kommend zur Einsatzkraft geführt werden.

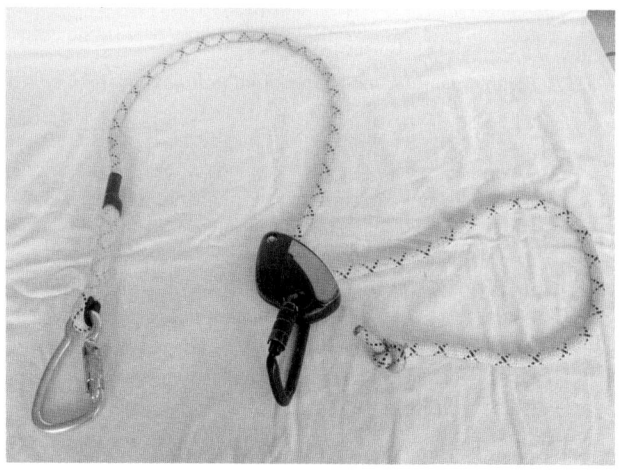

Bild 28: *Halteseil Lory einfügen*

6.9 Rettungsschlaufe (optional)

Bild 29: *Halten aus dem Korb der DLAK*

6.9 Rettungsschlaufe (optional)

Ein »Rettungsdreieck« nach DIN EN 1498 zum Fixieren einer Person an einer Struktur oder Ablassen mittels Seilen. Auffangen (hineinstürzen) ist nicht zulässig.

Bild 30: *Rettungsdreieck*

6.10 Transportsack

Das Material des Gerätesatzes Absturzsicherung sollte idealerweise in einem Transportsack geschützt und komplett (mit Schultergurten) zur Einsatzstelle gebracht werden können (Bild 31). Für die Lagerung im Fahrzeug ist ein wasserdichter Sack ideal. Das Material darf nicht in den Sack hineingepresst werden. Er muss in einem Kasten nach DIN 14880 untergebracht werden können. Hinweise zur Lagerung siehe Kapitel 15.

6.10 Transportsack

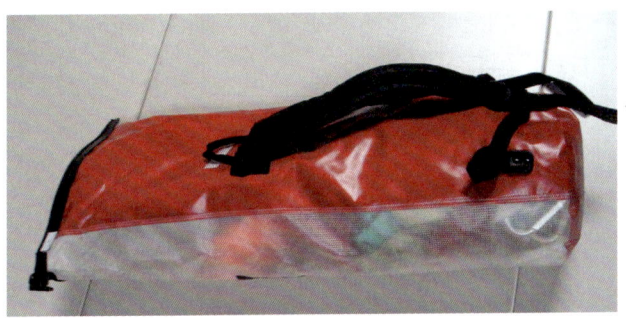

Bild 31: *Transportsack für den Gerätesatz Absturzsicherung*

Weitere Ausrüstung als Teil der Persönlichen Schutzausrüstung im Feuerwehreinsatz (vgl. FwDV 1 und DGUV Vorschrift 49 »Feuerwehren«) ist selbstverständlich zu tragen.

Mindestausrüstung:
- Feuerwehr-Schutzanzug,
- Feuerwehrhelm mit Nackenschutz,
- Feuerwehr-Schutzhandschuhe,
- Feuerwehr-Schutzschuhwerk.

Je nach Lage und Aufgabe müssen weitere spezielle persönliche Schutzausrüstungen (z. B. Atemschutz, Schnittschutzhose usw.) getragen werden.

Für die Technische Hilfeleistung in exponierten Lagen empfiehlt sich ein Bergsteigerhelm. Er ist leichter, gut einstellbar und erzeugt bei einem Sturz geringe Kräfte auf die Halswirbelsäule. Ein Gesichtsschutz kann als Visier am Helm oder

6 Komponenten des Gerätesatzes Absturzsicherung

mindestens als Schutzbrille Verwendung finden. Bei Dunkelheit hat eine Helmleuchte den Vorteil, dass die Hände zum Arbeiten frei bleiben und der Leuchtkegel immer mit dem Kopf und dem Blick der Einsatzkraft mitgeht.

Bild 32a–c: Helm, Helmleuchte und Schutzbrille

7 Unterscheidung Halten – Auffangen

7.1 Halten

Halten ist die Sicherung von gefährdeten Personen und Einsatzkräften mit dem Ziel, einen Absturz auszuschließen (Bild 33). Unter den Begriff des Haltens fallen nur solche Situationen, bei denen die Feuerwehrleine zur Sicherung oberhalb des zu Haltenden geführt wird. Das heißt die gesicherte Person wird beim Abrutschen auf ihrer Standfläche sofort von Feuerwehr-Haltegurt und Feuerwehrleine so von oben gehalten, dass sie nicht abstürzen oder weiterrutschen kann. Dabei ist darauf zu achten, dass die Feuerwehrleine immer straff auf

Bild 33: *Halten bei einer Tätigkeit auf einer Leiter*

7 Unterscheidung Halten – Auffangen

Zug gehalten wird. Einsatzbeispiele für Halten sind Tätigkeiten auf Böschungen und Leitern.

Geräte zum Halten sind: alle Geräte, die zum Auffangen verwendet werden können. Stehen Geräte zum Auffangen nicht zur Verfügung, können auch Feuerwehr-Haltegurt und Feuerwehrleine zum Halten verwendet werden.

Seilführung mit Feuerwehr-Haltegurt und Feuerwehrleine

Die Bilder 34 bis 40 zeigen die Seilführung beim Halten mit dem Feuerwehr-Haltegurt und der Feuerwehrleine.

Bild 34: *Anschlagen der Feuerwehrleine mittels Mastwurf und doppelten Spierenstich an Festpunkt*

7.1 Halten

Bild 35: *Am Standplatz des Sicherungsmannes Achterknoten in die Feuerwehrleine einlegen. Der Sicherungsstand kann zum Ausstieg hin vorverlegt werden, indem der Achterknoten erst dort eingebunden wird.*

Bild 36: *Sicherungsseil des Feuerwehr-Haltegurtes durch Achterknoten führen und Karabiner in Feuerwehr-Haltegurtöse einklinken*

7 Unterscheidung Halten – Auffangen

Bild 37: *Feuerwehrleine komplett aus dem Beutel entnehmen. Zirka zwei Meter vor dem freien Seilende die Feuerwehrleine als Bucht durch die Öse des Feuerwehr-Haltegurtes (in der der Karabiner zur Selbstsicherung eingehängt ist) führen und Seilende durchstecken, um einen gestochenen HMS-Knoten zu erhalten. Nicht die gegenüberliegende Öse des Auffanggurtes verwenden, um nicht innerhalb der Lastkette zu stehen. Auf saubere Leinenführung und kein Verdrehen achten!*

7.1 Halten

Bild 38: *An dieses Seilende kann die zu sichernde Person mittels Rettungsknoten (Brustbund) angeseilt werden. Alternativ kann auch eine zweite Feuerwehrleine verwendet werden: Hierbei ist zuerst der Brustbund am zu Rettenden anzubringen, dann mit der Leine im Beutel den HMS-Knoten an der Öse des Feuerwehr-Haltegurtes stechen.*

Bild 39: *Der Rettungsknoten ist mit einem Spierenstich zu sichern.*

7 Unterscheidung Halten – Auffangen

Bild 40: *Der Sicherungsstand ist nun aufgebaut und die Person kann gesichert über die Leiter absteigen. Das Seil ist hierbei straff zu führen. Bei einem Sturz kann die Person sicher durch die Bremswirkung des HMS-Knotens gehalten werden.*

7.2 Auffangen

Auffangen ist die Sicherung von Einsatzkräften, die Tätigkeiten in absturzgefährdeten Bereichen ausführen müssen, bei denen ein freier Fall nicht auszuschließen ist. Diese Gefahr besteht immer dann, wenn sich der Anschlagpunkt des Kernmantel-Dynamikseils seitlich oder unterhalb des zu sichernden Feuerwehrangehörigen befindet oder wenn das Kernmantel-Dynamikseil nicht ständig straff geführt werden kann. Einsatzbei-

7.2 Auffangen

spiele sind Tätigkeiten auf Masten, Kränen, Dächern und Mauern.

Geräte zum Auffangen sind (Bild 41):
- Auffanggurt,
- Kernmantel-Dynamikseil,
- Bandschlingen,
- HMS-Karabiner.

Bild 41: *Komponenten des Gerätesatzes Absturzsicherung*

8 Sicherungstechnologien

Standardisierte Sicherungstechnik

Der Einsatz von standardisierten Sicherungstechniken im Bereich der Absturzsicherung ermöglicht – wie auch im Brand- und Technischen Hilfeleistungseinsatz – einen strukturierten, stressresistenten Einsatzablauf. Aus- und Fortbildung, klare Definitionen sowie geordnete Handlungsabläufe garantieren eine erfolgreiche Vorgehensweise. Der standardisierte Sicherungsstand kann auf alle Einsatzlagen mit dem Gerätesatz Absturzsicherung adaptiert werden (Bild 42). Ein perfektes

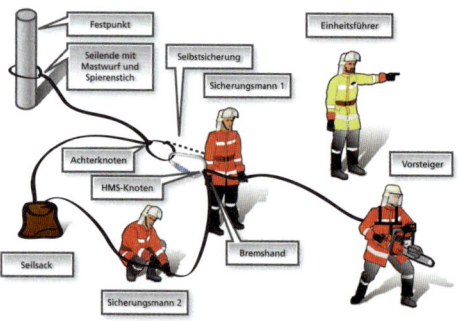

Bild 42: *Standardisierter Aufbau eines Sicherungsstandes. Alternativ kann am Festpunkt auch eine Bandschlinge mit HMS-Karabiner befestigt werden. In diesen Karabiner wird dann der HMS-Knoten vom Seil des Vorsteigers eingelegt.*

8 Sicherungstechnologien

Beherrschen des Aufbaus gewährleistet ein sicheres Arbeiten aller Beteiligten. Im Folgenden wird der Aufbau schrittweise dokumentiert.

Schrittweiser Aufbau eines Sicherungsstandes

Der Sicherungsmann schlägt das Dynamikseil am Festpunkt mittels Mastwurf und doppelten Spierenstich an (Bild 43). Die Festpunktkraft muss mindestens 10 kN betragen. Das Seil ist bei Bedarf mit einem Kantenschutz zu schützen.

Bild 43: *Das Dynamikseil wird am Festpunkt mittels Mastwurf und doppelter Spierenstich angeschlagen.*

Beispiele für Festpunkte:
- Wand nach Öffnen von Fenster und/oder Türen mit Mastwurf und doppelten Spierenstich umschlungen (Bild 44),
- Abstützung an einem Baukran – Kantenschutz beachten! (Bild 45),
- Schäkel an Feuerwehrfahrzeug (Bild 46),
- stabiles Geländer, verschweißt und einbetoniert (Bild 47),
- Holzbalken an Türrahmen gesichert (Bild 48).

8 Sicherungstechnologien

Bild 44: *Ein Festpunkt kann geschaffen werden, indem die Wand durch Öffnen von Fenster und Türen mit einem Mastwurf und einem doppeltem Spierenstich umschlungen wird.*

Bild 45: *Baukran als Festpunkt*

8 Sicherungstechnologien

Bild 46: *Schäkel an Feuerwehrfahrzeug als Festpunkt*

Bild 47: *Verschweißtes und ein betoniertes stabiles Geländer als Festpunkt*

8 Sicherungstechnologien

Bild 48: *Am Türrahmen gesicherter massiver Holzbalken als Festpunkt*

Holz- und Aluminiumgeländer sowie aufgesetzte Treppengeländer eignen sich ebenso wenig als Anschlagpunkte wie Heizkörper!

Praxistipp:

Werden Schäkel an Feuerwehrfahrzeugen als Festpunkt verwendet, sollte der Fahrzeugschlüssel abgezogen werden und sich beim Sicherungsmann befinden, um eine Fahrzeugbewegung auszuschließen.

8 Sicherungstechnologien

Der Sicherungsstand kann nun vorverlegt werden, indem der Sicherungsmann den HMS-Karabiner an der Stelle in das Seil einbindet, an der ein Sichtkontakt zum Vorsteiger oder ein ergonomischer Standplatz für den Sicherungsmann besteht (Bild 49).

Bild 49: *Der Achterknoten wird an der Stelle, an der der Sicherungsstand eingerichtet werden soll, ins Dynamikseil eingelegt.*

8 Sicherungstechnologien

 In die Achterknotenschlaufe wird der HMS-Karabiner eingeklinkt (Bild 50).

Bild 50: *HMS-Karabiner in die Achterknotenschlaufe einklinken.*

8 Sicherungstechnologien

 Der Vorsteiger kann zur gleichen Zeit das Sicherungsseil an seinem Auffanggurt direkt mit einem Achterknoten befestigen (Bild 51).

Bild 51: *Der Vorsteiger befestigt das Sicherungsseil an seinem Auffanggurt mit einem Achterknoten.*

 Der HMS-Knoten wird nun durch den Sicherungsmann eingebaut und auf seine Funktionsfähigkeit geprüft (Bilder 52 und 53).

8 Sicherungstechnologien

Bild 52: *In das Seil, das vom Vorsteiger kommt, wird ein HMS-Knoten gelegt.*

Bild 53: *Der fertige HMS-Knoten wird auf seine Funktionsfähigkeit geprüft.*

8 Sicherungstechnologien

Der sichernde Feuerwehrangehörige sichert sich selbst gegen Weglaufen und Nichterreichen der Absturzkante, indem er das Sicherungsseil des Feuerwehr-Haltegurts in den Achterknoten einhängt (Bild 54). Das Sicherungsseil des Feuerwehr-Haltegurts darf nicht in den HMS-Karabiner eingehängt werden, da dieser ein freies Durchlaufen des Sicherungsseils ermöglichen muss.

Bild 54: *Der sichernde Feuerwehrangehörige sichert sich selbst, indem er das Sicherungsseil des Feuerwehr-Haltegurts in den Achterknoten einhängt.*

8 Sicherungstechnologien

 Die linke Hand des Sicherungsmannes umfasst nun das Führungsseil, die rechte Hand die Bremsseite des Seils (Bild 55). Die Bremshand darf nicht zu nah am HMS-Karabiner sein, da es bei einem Sturz zu einem Seildurchlauf kommt und der Handschuh bzw. die Hand eventuell eingeklemmt werden kann.

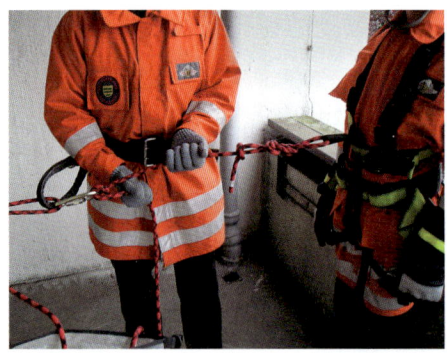

Bild 55: *Die linke Hand umfasst das Führungsseil, die rechte Hand die Bremsseite des Seils.*

Nachfolgend wird erläutert wie das Einholen des Seiles durchgeführt werden soll, um das Bremsseil nicht aus der geschlossenen Hand zu lassen:

- Beim Einholen des Seils zieht die linke Hand das Seil vom Vorsteiger kommend zu sich. Die rechte Hand zieht die Bremsseite nach vorne von sich weg (Bild 56).

8 Sicherungstechnologien

- Die linke Hand geht bis Handbreit zum HMS-Karabiner und umfasst nun sowohl die Führungs- als auch die Bremsseite des Seils und klemmt sie mit der Faust fest (Bild 57).
- Der Abstand der Hand zum HMS-Knoten sollte eine Hand breit betragen, damit die rechte Hand das Bremsseil wieder greifen kann (Bild 58).
- Die linke Hand greift nun wieder nach vorne und holt das Führungsseil vom Vorsteiger kommend ein (Bild 59).

Bild 56: *Beim Einholen des Seils zieht die linke Hand das Seil vom Vorsteiger kommend zu sich, die rechte Hand zieht die Bremsseite nach vorne von sich weg.*

Bild 57: *Die linke Hand umfasst nun sowohl die Führungsseite als auch die Bremsseite des Seils und klemmt sie mit der Faust fest.*

8 Sicherungstechnologien

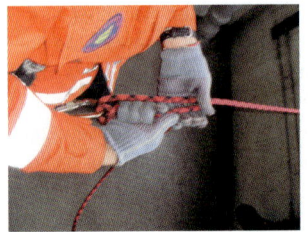

Bild 58: *Der Abstand der linken Hand zum HMS-Knoten sollte eine Hand breit betragen, damit die rechte Hand das Bremsseil wieder greifen kann.*

Bild 59: *Die linke Hand greift nach vorne und holt das Führungsseil vom Vorsteiger kommend ein.*

8 Sicherungstechnologien

Das Bild 60 zeigt den fertig aufgebauten Sicherungsstand.

Bild 60: **Fertig aufgebauter Sicherungsstand**
  1 Festpunkt   *3 HMS-Knoten*
  2 Selbstsicherung *4 Acherknoten*

Merke:
Auf der Bremsseite der Halbmastwurfsicherung wird nach der FwDV 1 eine zweite Einsatzkraft als Sicherungskraft eingesetzt.

8 Sicherungstechnologien

Hinweise zum Einsatz des Gerätesatzes Absturzsicherung

Die Sicherungskette umfasst alle Elemente eines Sicherungssystems, wobei das Seil als kraftübertragendes Bindeglied dient. Der beim Sturz auftretende Fangstoß wird auf der einen Seite über den Auffanggurt auf den Körper des Stürzenden übertragen. Auf der anderen Seite werden über das Seil die Zwischensicherungen, die dynamische Seilbremse (HMS) und der Festpunkt, an dem das Seil angeschlagen ist, belastet. Der Sichernde befindet sich außerhalb der Sicherungskette und bleibt bei einem Sturz handlungsfähig. Jedes Glied der Sicherungskette zwischen Festpunkt und Auffanggurt muss daher eine Festigkeit von mindestens 22 kN besitzen. Sollte ein Festpunkt die Festigkeit von 10 kN nicht aufweisen, müssen mehrere Festpunkte geschaffen und miteinander verbunden werden. Bei scharfkantigen Festpunkten ist ein Seilschutz mittels Kantenschutzkomponenten, Decken oder aufgeschnittenen Feuerwehrschläuchen anzubringen oder es sind SEP-Schlingen zu verwenden.

Vertikales und Horizontales Vorgehen

Bei Bewegungen seitlich oder oberhalb des Anschlagpunktes sind beim Vorsteigen ab zwei bis sechs Meter nach jedem Meter Zwischensicherungen mit Bandschlingen und Karabinern zu schaffen, beim Vorstieg von acht bis 14 Meter alle zwei Meter, darüber alle vier Meter. Bis sechs Meter Höhe ist der kritische Bereich durch die Seildehnung bei einen Sturz auf dem Boden anzuschlagen (Bild 61). Zwischensicherungen nur mit Bandschlingen sind verboten, da hier thermische Seildurchtrennungen möglich sind! Bandschlingen sind deshalb mit Karabinern einzusetzen.

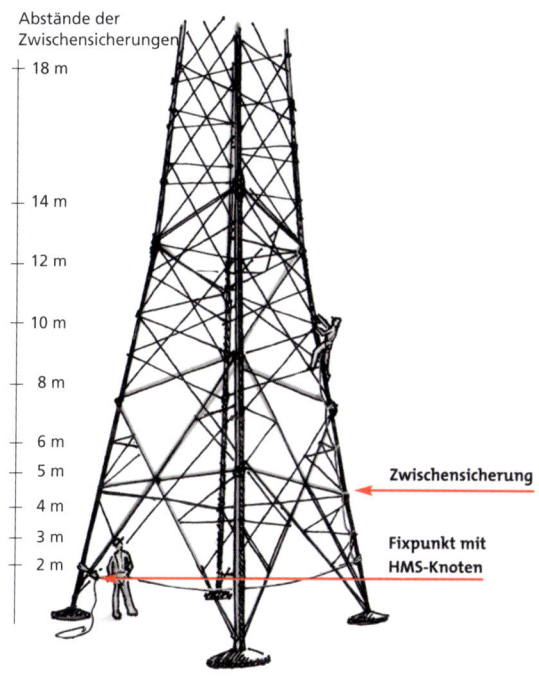

Bild 61: *Symbolbild Abstände beim vertikalen Vorsteigen (Quelle: Bornack GmbH + Co. KG, Ilsfeld)*

9 Einsatztaktik

Ein Team, das Arbeiten mit dem Gerätesatz Absturzsicherung durchführt, besteht aus vier Einsatzkräften:
- dem Einheitsführer als Teamverantwortlichen,
- dem Vorsteiger, der die Arbeiten im absturzgefährdeten Bereich durchführt,
- dem Sicherungsmann, der den Vorsteiger durch Seil ausgeben und einholen im Falle eines Sturzes abbremst und auffängt,
- dem Sicherungsmann 2 oder Seilmanager, der das Seil aus dem Seilsack zum Sicherungsmann führt und als dessen Redundanz dient.

Der Einheitsführer
- führt eine Gefährdungsanalyse durch,
- bestimmt den Einsatz des Absturzsicherungssets,
- bestimmt die durchzuführende Tätigkeit,
- trägt die Verantwortung für die eingesetzten Feuerwehrangehörigen,
- stellt sicher, dass in dem zu arbeitenden Bereich keine Querarbeiten durch andere Feuerwehrangehörige durchgeführt werden,
- verteilt die Aufgaben auf Vorsteiger und Sicherungsmann,
- bestimmt den Festpunkt,
- weist die Feuerwehrangehörigen in die Gefährdungsanalyse mit ein,

- kontrolliert vor dem Ausstieg Vorsteiger, Sicherungsmann und Sicherungskette,
- ist Schnittstelle zwischen Vorsteiger und Sicherungsmann,
- stellt die Kommunikation zwischen allen Beteiligten sicher (z. B. durch Funkgeräte),
- überwacht kontinuierlich den Ablauf und weist auf Gefahren hin,
- überprüft nach Einsatzende das Absturzsicherungsset nach der Geräteprüfordnung und dokumentiert dies.

Der Vorsteiger
- legt den Auffanggurt ordnungsgemäß an,
- bindet sich den Achterknoten in den Auffanggurt direkt ein,
- rüstet sich mit dem zur Tätigkeit erforderlichen Material aus,
- kontrolliert den Aufbau der Sicherungskette,
- steigt erst nach Freigabe durch den Fahrzeugführer in den absturzgefährdeten Bereich,
- stellt einen Kantenschutz für das Seil sicher,
- legt eventuell Zwischensicherungen im absturzgefährdeten Bereich,
- baut am Ziel eine Selbstsicherung auf und beginnt die Tätigkeit,
- bindet sich nie aus dem Sicherungsseil aus,
- gibt dem Einheitsführer Lagemeldungen,
- baut nach Beendigung der Einsatztätigkeit die Zwischensicherungen gesichert ab,

- bindet sich erst im sicheren Bereich aus dem Sicherungsseil aus.

Der Sicherungsmann
- fixiert das Dynamikseil am Festpunkt,
- baut die Sicherungskette auf,
- sichert sich selbst gegen Mitreißen und Weglaufen,
- kontrolliert Auffanggurt und Achterknoten des Vorsteigers,
- stellt den Kantenschutz für das Seil sicher,
- überwacht permanent den Seilverlauf sowie den Vorsteiger und gibt Seil aus und ein,
- bei einem Sturz des Vorsteigers stoppt er durch Festhalten des Bremsseils den Sturz,
- führt Interventionsmaßnahmen zur Rettung des Vorsteigers nach Weisung des Einheitsführers durch.

Der Sicherungsmann 2 (Seilmanager)
- führt das Sicherungsseil locker aus dem Seilsack durch die Hände hin zum Sicherungsmann,
- lässt der Sicherungsmann das Sicherungsseil aus, hält der Sicherungsmann 2 das Seil fest und ist somit die Redundanz des Sicherungsmannes.

10 Unfallverhütungsvorschriften

Siehe auch DGUV Vorschrift 49 »Feuerwehren«, DGUV Regel 112-198; DGUV Regel 112-199; DGUV Info 205-010 und die FwDV 1 Grundtätigkeiten

- Nur ausgebildete und geübte Einsatzkräfte dürfen den Gerätesatz Absturzsicherung einsetzen.
- Das Bewusstsein um die Gefahr für Leib und Leben muss vorhanden sein.
- Sicherheit muss hier vor Schnelligkeit stehen.
- Die erste Sicherung sind Hände und Füße, bei deren Ausfall greift das System Absturzsicherung.
- Der Fahrzeugführer ist für den Einsatz des Absturzsicherungssets und des Personals verantwortlich.
- Eine Gefährdungsanalyse ist durchzuführen und den eingesetzten Feuerwehrangehörigen mitzuteilen.
- Die Einsatzstelle ist abzusperren.
- Der absturzgefährdete Bereich darf nur gesichert begangen werden.
- Die Kommunikation des Personals untereinander ist sicherzustellen.
- Von allen eingesetzten Kräften sind Handschuhe zu tragen.
- »Schlaffseil« ist zu vermeiden (Sturzverlängerung), auf Fühlung halten.
- Der Sicherungsmann muss sich selber sichern (außerhalb der Lastkette).

10 Unfallverhütungsvorschriften

- Niemals zwei textile Komponenten (Bandschlingen und Seile) übereinander laufen lassen, es besteht die Gefahr des thermischen Durchtrennens!
- Karabiner Quer- und Knickbelastungen sind zu vermeiden.
- Es ist ein Kantenschutz für die Seile sicherzustellen.
- Die Mastwurf-Knoten müssen mit einem doppelten Spierenstich gesichert werden.
- Die Haltekraft des Anschlagpunktes muss mindestens 10 kN betragen.
- Die Seilenden sind mit Knoten gegen Durchlaufen zu sichern.
- Es darf nur geprüftes Material des Gerätesatzes verwenden werden (kein privates Zubehör).
- Nach jedem Einsatz hat eine Materialkontrolle gemäß den Prüfkriterien zu erfolgen.
- Einsätze und Übungen sind zu dokumentieren.
- Beschädigte Komponenten sind der Benutzung zu entziehen und dem Gerätewart unverzüglich mitzuteilen.
- Materialien des Gerätesatzes Absturzsicherung nicht zu anderen Szenarien wie Bewegen von Lasten zweckentfremden.
- Feuerwehrangehörige sind vor dem Ausstieg zu kontrollieren (Partnercheck/Vier-Augen-Prinzip).
- Der Achterknoten ist direkt in den Auffanggurt einzubinden, um eine Karabinerquerbelastung zu vermeiden und die Möglichkeit auszuschließen, dass sich der Vorsteiger am Zielort kurzfristig aus dem Sicherungsseil ausklinkt.

- Regelmäßig (mind. jährlich) sind die Anwender durch Fachkundige zu schulen.
- Ein geplantes freies im Seil hängen ist nicht zulässig.
- Rettungsmöglichkeiten bei Übungen müssen geplant werden (z. B. 2. Gerätesatz AS und/oder DLAK, …).

11 Gefährdungsermittlung

Bevor es zu einem Einsatz mit dem Gerätesatz Absturzsicherung kommt, ist vom Fahrzeugführer/Einheitsführer eine Gefährdungsermittlung im Rahmen der Lageerkundung durchzuführen. Zusätzlich sind auch die Gefahren der Einsatzstelle (AAAACEEEL) wie sie im Führungsvorgang implementiert sind zu eruieren. Speziell für die Absturzgefahr muss eine weitere Gefährdungsanalyse durchgeführt werden. Den Einsatzkräften ist das Ergebnis mit Hinweisen auf die speziellen Gefahren mitzuteilen. In der MindMap (Bild 62) sind die einzelnen Punkte, die zu beachten und zu bewerten sind, dargestellt.

11 Gefährdungsermittlung

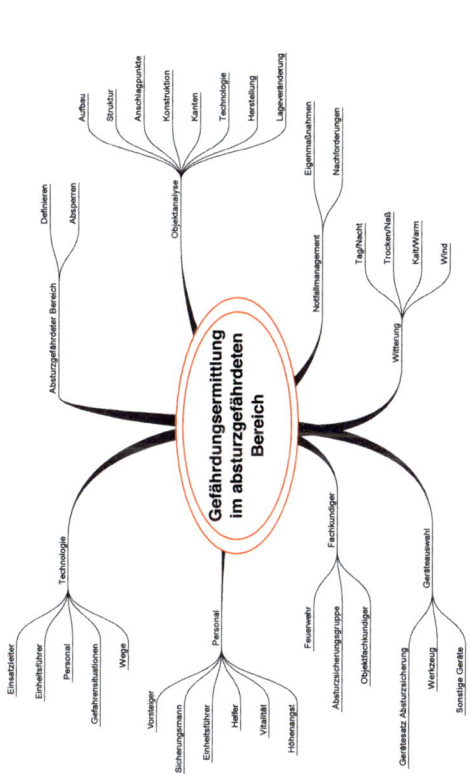

Bild 62: *Gefährdungsermittlung. Diese MindMap muss auf das jeweilige Objekt und Einsatzszenario erweitert werden.*

12 Gefahrenvermeidung für die Komponenten des Gerätesatzes Absturzsicherung

Die Tabelle 2 enthält verschiedene Gefahrenquellen, die sich auf die Komponenten des Gerätesatzes Absturzsicherung auswirken können und gibt Hinweise zur Vermeidung dieser Gefahren. Das Bild 60 erläutert die Gefahrenquellen beim Umgang mit Karabinern.

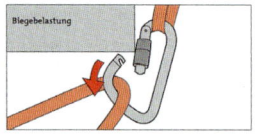

- **Belastung bei offenem Schnapper**
- Bruchfestigkeit Aluminium-Karabiner 7–10 kN
- Bruchfestigkeit Stahl-Karabiner 20–25 kN

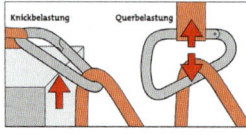

- **Quer- und Knickbelastungen**
  Aufgrund der dadurch entstehenden Biegemomente kann die Anwendungssicherheit schlagartig auf Null reduziert werden. Besonders anfällig gegenüber derartig ungünstigen Belastungen sind Alukarabiner.

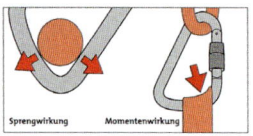

- **Momenten- und Sprengwirkung**
  Ungünstige Querschnitte oder sehr breite Bänder können trotz geschlossenem und gesichertem Verschluss zum Versagen unterhalb der nominalen Bruchfestigkeit führen.

Bild 63: *Gefahrenquellen beim Umgang mit Karabinern (Quelle: Bornack GmbH + Co. KG, Ilsfeld)*

Gefahrenvermeidung

Tabelle 2: **Gefahrenquellen und Gefahrenvermeidung für die Komponenten des Gerätesatzes Absturzsicherung** *(Quelle: Bornack GmbH + Co. KG, Ilsfeld)*

Besondere Gefahrenpunkte	Vorkommen	Vermeidung
Scharfe Kanten	▪ Besonders häufig bei Arbeiten an Stahl- und Betonkonstruktionen, Glas und Blech ▪ Werkzeuge können ebenfalls eine Gefahrenquelle sein.	▪ Kantenschutz ▪ Seilverlauf optimieren ▪ Anschlagpunkte optimieren ▪ Sturzverlauf planen
Chemikalien	▪ Industrie ▪ Haushalt	Kontakt mit Chemikalien, insbesondere Säuren (z. B. Batteriesäure), stellt eine enorme Gefahr dar. Gefahrenvermeidung bei der Planung von Einsatz, Anwendung und Lagerung.
Funkenflug	▪ Bei Arbeiten an Stahlkonstruktionen ▪ Bei Nachlöscharbeiten	▪ Abdeckungen vornehmen

12 Gefahrenvermeidung

Tabelle 2: **Gefahrenquellen und Gefahrenvermeidung für die Komponenten des Gerätesatzes Absturzsicherung (Quelle: Bornack GmbH + Co. KG, Ilsfeld) – Fortsetzung**

Besondere Gefahrenpunkte	Vorkommen	Vermeidung
Kontakt- oder Reibungshitze	<ul><li>Bei offenem Feuer (Brandbekämpfung).</li><li>Beim Ablassen können aufgrund der Seilreibung Temperaturen bis zum Materialschmelzpunkt erreicht werden.</li></ul>	<ul><li>Abdeckungen vornehmen.</li><li>Anwendung nicht im Brandschutz.</li><li>Bei Seilumlenkung auf metallische, glatte Oberflächen achten.</li></ul>
Sturzbelastung	<ul><li>Bei Vorstiegsituationen (z. B. Masten).</li><li>Wenn der Anschlagpunkt unterhalb des Anwenders liegt.</li></ul>	Unter Berücksichtigung der möglichen Sturzsituation muss durch entsprechende Anbringung von Zwischensicherungen die Sturzhöhe immer minimiert werden.
Unkenntnis	Unkenntnis und Leichtfertigkeit stellen eine nicht zu unterschätzende Gefahrenquelle dar.	<ul><li>Einweisung und Ausbildung durch geschultes Personal.</li><li>Regelmäßige Information und Schulung.</li></ul>

13 Interventionsmaßnahmen

Sollte es bei der Durchführung der Hilfeleistung zu einem Sturz ins Seil kommen, ist der Gestürzte zunächst vom Sicherungsmann durch Festhalten des Bremsseils zu stoppen, dann mittels langsamen Seildurchlauf am HMS-Karabiner nach unten abzulassen (Bild 61). Der Landepunkt sollte bekannt und mit dem Einheitsführer abgesprochen sein. Sollte ein Ablassen nicht möglich sein, ist umgehend eine Höhenrettungsgruppe zu alarmieren. Das Aufziehen ohne technische Hilfsmittel ist kräftemäßig meist nicht möglich.

Bild 64: *Nach einem Sturz ins Seil ist der Gestürzte vom Sicherungsmann durch Festhalten des Bremsseils zu stoppen und anschließend mittels langsamen Seildurchlauf am HMS-Karabiner nach unten abzulassen.*

14 Anwendungsmöglichkeiten

14.1 Selbstrettungsübungen

Selbstrettung mit der Feuerwehrleine und dem Feuerwehr-Haltegurt, gesichert durch den Gerätesatz Absturzsicherung.

Merke:

A – E – G (Anschlagen – **E**inbinden – **G**ehen**)**

A – Anschlagen:
Die Feuerwehrleine wird an einem Festpunkt mit Mastwurf und doppelten Spierenstich fixiert. Die Öse des Feuerwehr-Haltegurts wird in die Bauchmitte gezogen.

E – Einbinden:
Im Seil ist eine Bucht zu bilden und durch die Öse des Feuerwehr-Haltegurtes zu ziehen (Bild 65). Durch die Bucht wird der Feuerwehrleinenbeutel durchgesteckt (Bild 66). Ein HMS-Knoten hat sich so gebildet. Es ist darauf zu achten, dass die Bucht nicht zu einem Auge verdreht wird, da sonst ein Spierenstich entsteht und der Knoten blockiert.

14.1 Selbstrettungsübungen

Bild 65: *Die gebildete Bucht wird durch die Öse des Feuerwehr-Haltegurtes gezogen.*

Bild 66: *Der Feuerwehrleinenbeutel wird durch die Bucht durchgesteckt.*

G – Gehen:

Der Feuerwehrleinenbeutel wird nun abgeworfen. Die rechte Hand greift das nach unten abgehende Seil und bremst damit den Abseilvorgang (Bild 67). Beim Ausstieg ist darauf zu achten, dass die rechte Hand das Seil nicht loslässt. Dies bewirkt die Bremsung. Die linke Hand darf nicht unter dem Seil zum Liegen kommen, wenn der Feuerwehrangehörige nach außen kippt und das angeschlagene Seil die Belastung aufnimmt, sonst wird die Hand darunter eingeklemmt.

14 Anwendungsmöglichkeiten

Bild 67: *Der Leinenbeutel wird abgeworfen und die rechte Hand greift das nach unten abgehende Seil, um den Abseilvorgang zu bremsen.*

Wichtig!
Selbstrettungsübungen sind mit dem Gerätesatz Absturzsicherung zu hintersichern. Sie dürfen maximal aus 8 m Höhe durchgeführt werden und sind von einem erfahrenen Feuerwehrangehörigen zu beaufsichtigen.

Der Aufbau der Redundanz erfolgt wie ein Sicherungsstand zum Auffangen. Das Dynamikseil wird in den Auffanggurt eingebunden, der Feuerwehr-Haltegurt wird dabei über dem Auffanggurt getragen (Bild 68). Die hauptsächliche Last soll in der Feuerwehrleine und beim Haltegurt des abseilenden Feuerwehrangehörigen liegen. Das Dynamikseil wird auf Fühlung mitgeführt und dient im Falle eines Sturzes als Redundanz (Bild 69).

14.1 Selbstrettungsübungen

Bild 68: *Der Aufbau der Redundanz erfolgt wie beim Sicherungsstand zum Auffangen.*

Bild 69: *Das Dynamikseil wird auf Fühlung mitgeführt und dient im Falle eines Sturzes als Redundanz. Tipp: Mit der freien Hand wird der Körper stabilisiert und von der Wand gehalten.*

Bei Abseilungen sollte die Feuerwehrleine nicht in die Abseilöse des Karabiners des Feuerwehr-Haltegurtes eingelegt werden (Bild 70). Bei einer Lageänderung des Seiles kann es passieren, dass der Karabiner mit der Klinke an der Feuerwehr-Haltegurtöse zum Liegen kommt, wobei eine so genannte Karabiner-Querbelastung entsteht. Die Klinke ist der schwächste Teil des Karabiners, es besteht Bruchgefahr und somit droht ein Absturz.

Bild 70: *Achtung falsch: Feuerwehrleine in der Abseilöse des Feuerwehr-Haltegurt-Karabiners. Man beachte die Karabinerklinkenbelastung!*

Selbstretten mit einem Multifunktions-Brustgurt integrierten Rettungssystem
Moderne Einsatzjacken sind mit Brustgurt integrierten Rettungssystemen ausgestattet, die einen Feuerwehr-Haltegurt ersetzen. Beispielhaft wird dies an dem System der Firma Consultiv erläutert: Sollte es im Brandeinsatz unter Atemschutz als ultimo Ratio zu einem Abseilen kommen müssen, wird der Karabiner und der Ring des Brustgurts aus der Jacke gezogen und miteinander verbunden. Die Feuerwehrleine wird an einem Festpunkt angeschlagen und durch bilden einer Bucht durch den Ring gezogen. Durch diese Bucht wird der Feuerwehrleinenbeutel durchgeführt und abgeworfen. Das Abseilen geschieht analog dem Feuerwehr-Haltegurt. Abseilübungen sind wie bereits beschrieben redundant durchzuführen.

14.2 Top-Rope-Sicherung mit Drehleiter

Bilder 71a und b: *Beispiel Einsatzjacke mit integriertem Rettungssystem, hier Big Fireliner der Firma Consultiv.*

Hinweis:

Wichtige Hinweise zur Selbstrettung sind auch der Feuerwehr-Dienstvorschrift 1, Kapitel 18.2 »Selbstretten«, zu entnehmen.

14.2 Top-Rope-Sicherung mit Drehleiter

Muss auf Dächern gearbeitet werden, bei denen es schwierig ist, einen Anschlagpunkt anzubringen bzw. einen Sicherungsstand aufzubauen (z. B. auf Flachdächern oder steilen Dächern ohne Dachfenster) und steht eine Drehleiter zur Verfügung, aus deren Korb zu arbeiten nicht möglich ist, kann mittels Top-

14 Anwendungsmöglichkeiten

Rope-Sicherung (Seil kommt von oben) gearbeitet werden (Bilder 72 und 73).

Bild 72: *Bei der Top-Rope-Sicherung befindet sich der Vorsteiger auf einem Dach und die Sicherungsmänner stehen auf dem Podium der Drehleiter.*

Dazu ist die DLAK (Automatik-Drehleiter mit Rettungskorb) im Drei-Mann-Korbbetrieb zu betreiben. Im Korb selber ist nur der Vorsteiger zum Auffahren zu transportieren. Er ist fertig eingebunden mit dem Dynamikseil im Auffanggurt. Eine 80 Zentimeter lange Bandschlinge ist im Ankerstich um die zweite Sprosse der DLAK zu fixieren, dann wird sie über die erste Sprosse nach unten umgelenkt und mit einem Karabiner versehen, der das Dynamikseil umlenkt (Bild 74). Diese Befestigungsmethode gewährleistet beim Einfahren des Leitersatzes, dass die Bandschlinge nicht in die Sprossen des

14.2 Top-Rope-Sicherung mit Drehleiter

Bild 73: *Das Seil kommt von oben (von der Drehleiter).*

Leiterparks eingeklemmt wird und die DLAK funktionsfähig bleibt.

An einem geeigneten, belastbaren Festpunkt des Drehkranzes ist mit einer 80 Zentimeter langen Bandschlinge und einem HMS-Karabiner der Sicherungsstand einzurichten. Der Sicherungsmann hat sich mit dem Sicherungsseil des Feuerwehr-Haltegurts an der Bandschlinge zu sichern.

Bevor der Vorsteiger aussteigt, ist der HMS-Knoten einzulegen, um ihn damit zu sichern. Der Korb der DLAK ist dann vorsichtig in Arbeitsposition über den Vorsteiger zu bringen, das Sicherungsseil muss hierbei nachgeführt werden. Anschließend ist der Motor abzustellen.

14 Anwendungsmöglichkeiten

Wichtig!
Auf die Arbeitsbewegungen des Vorsteigers hinsichtlich des Ausgeben und Einholen des Seiles ist besonderes Augenmerk zu richten.

Bild 74: *Eine Bandschlinge wird mit einem Ankerstich um die zweite Sprosse fixiert und über die erste Sprosse nach unten umgelenkt. Das Dynamikseil läuft über einen eingehängten Karabiner.*

Achtung!
Der HMS-Knoten darf beim Ausfahren der Leiter nicht blockiert werden, da sonst der Vorsteiger in die obere Umlenkung eingeklemmt wird. Es muss ständig Seil durch den Sicherungsmann nachgegeben werden (Bild 75).

14.3 Redundanz für den Flaschenzug

Bild 75: *Sicherungsstand an einem geeigneten Festpunkt.*

14.3 Redundanz für den Flaschenzug

Wird ein Flaschenzug eingesetzt und eine Person z. B. mit der Schleifkorbtrage gerettet, findet ein freies Hängen im Seil statt (Bild 76). Deshalb ist eine Redundanz erforderlich! In der Bedienungsanleitung des Gerätes und in der DIN 14800-16 wird darauf hingewiesen, dass bei Ausbildung, Übungen und Einsätzen mit Personen eine zusätzliche Sicherung gegen Absturz zwingend vorzusehen ist. Dies kann mit dem Gerätesatz Absturzsicherung problemlos geschehen. Der Flaschenzug wird dabei an der Lastöse des Leiterkopfes und die Bandschlinge im Ankerstich an der obersten Leitersprosse fixiert (Bild 77). Der Aufbau des Sicherungssystems erfolgt analog der Top-Rope-Sicherung. Das Dynamikseil wird direkt an der Öse

14 Anwendungsmöglichkeiten

der Abseilspinne mit einem Achterknoten fixiert (Bild 78). Es wird ohne Schlaffseil den Flaschenzug- und Drehleiterbewegungen mitgeführt.

Bild 76: *Bei der Rettung von Personen mithilfe eines Flaschenzuges ist eine zusätzliche Sicherung gegen Absturz zwingend erforderlich.*

14.3 Redundanz für den Flaschenzug

Bild 77: *Der Flaschenzug wird an der Lastöse befestigt, die Bandschlinge mit einem Ankerstich an der obersten Sprosse des Leiterkopfes der Drehleiter.*

Bild 78: *Das Dynamikseil wird an der Öse der Abseilspinne mit einem Achterknoten fixiert.*

Neuartige Drehleitern besitzen Herstellerseitig Anschlagösen die verwendet werden können.

14 Anwendungsmöglichkeiten

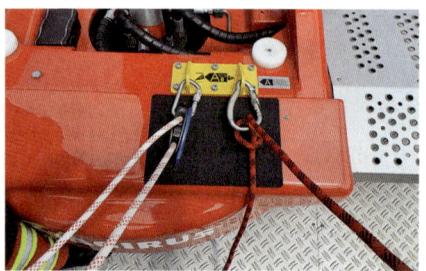

Bild 79: *Anschlagpunkte am Drehkranz der DLAK*

Bild 80: *Sicherungsstand für Flaschenzug und Gerätesatz Absturzsicherung*

14.4 Zurückführen einer Person

An der Spitze des Leiterparks sind ebenfalls Anschlagösen angebracht und nur diese dürfen verwendet werden.

Bild 81: *Umlenkpunkte an der Leiterspitze.*

14.4 Zurückführen einer Person

Sitzt eine Person an einer exponierten Stelle fest, ist sofort eine Höhenrettungsgruppe parallel zu den Erstmaßnahmen zu alarmieren. Der Einsatz mit dem Gerätesatz Absturzsicherung beschränkt sich darauf, den Vorsteiger gesichert zur Betreuung und eventuell zur Fixierung gegen Absturz zu der betroffenen

Person zu bringen. Eine Rettung mittels Abseilen ist Aufgabe der Höhenrettung.

Ist die Person bereit, aus eigener Kraft zurück zu steigen, muss sie mit einem zweiten Gerätesatz Absturzsicherung gesichert werden. Ein Seilende ist hierzu bereits lose mitzuführen. Anstelle des Auffanggurts genügt es, ein Rettungsdreieck anzulegen. Gesichert wird die Person durch einen zweiten Sicherungsmann, der ebenso einen Sicherungsstand (wie für den Vorsteiger) aufgebaut hat. Ein Einbinden in das Sicherungssystem des Vorsteigers ist nicht zulässig. Die drei Ecken werden mittels eines Karabiners zusammengefasst wobei die Längen (Farben) unterschiedlich sein dürfen In diesem Karabiner wird dann das Seil oder die Bandschlinge eingeklinkt. Die Schulterriemen dienen lediglich gegen herunterfallen der Rettungsschlaufe bei stehenden Personen.

Ein Sicherungssystem ist nur für eine Person bestimmt. Auch würde ein Sturz der Person den Vorsteiger mitreißen und dieser dann handlungsunfähig sein. Der Abstieg hat dann von beiden Personen mit Händen und Füßen vonstatten zu gehen. Ein Ablassen (freies Hängen im Seil) ist nicht zulässig. Nur bei Versagen der Gliedmaßen soll das Sicherungssystem greifen.

Für jede Person wird ein eigenes Sicherungssystem aufgebaut (Bild 83). Die Umlenkung des Seils oben geschieht mit einer Bandschlinge und einem Karabiner.

14.4 Zurückführen einer Person

Bild 82 a und b: *Ansicht Rettungsdreieck von vorne und von hinten*

14 Anwendungsmöglichkeiten

Bild 83: *Zurückführen einer Person; rot: Sicherungssystem für den Vorsteiger, blau: Sicherungssystem für die zu rettende Person (Quelle: Bornack GmbH + Co. KG, Ilsfeld)*

14.5 Baukran

Bei Übungen und Einsätzen ist darauf zu achten, dass das Vorsteigen primär an der vertikalen Struktur erfolgt. Bei einem horizontalen Vorstieg kann es zu einem Pendelsturz gegen den Kran oder die Kranflasche kommen, der schwere Verletzungen durch die offene und scharfkantige Struktur nach sich zieht. Der Sicherungsstand ist außerhalb der Fallzone von Karabinern usw. aufzubauen. Die Seilführung bei Belastung ist zu planen. So kommt es vor, dass sich nach einem Sturz der HMS-Karabiner in ein paar Metern Höhe befindet, weil unten auf eine Umlenkung verzichtet wurde. Auf die Abstände der Zwischensicherungen wurde bereits im Kapitel 8 hingewiesen. Bedingt durch die maximale Seillänge von 60 Metern darf der

Bild 84: *Horizontaler Vorstieg*

14 Anwendungsmöglichkeiten

Kran höchstens 25 Meter hoch sein, um ein Ablassen nach einem Sturz noch zu ermöglichen. Bei einem horizontalen Vorsteigen zu einer Person auf dem Kranausleger muss der Sicherungsstand entweder auf dem Gegenausleger oder noch im vertikalen Teil des Krans aufgebaut werden. Der Sicherungsmann muss hierbei einen Auffanggurt und mindestens eine Selbstsicherung mit Falldämpfung als Persönliche Schutzausrüstung gegen Absturz tragen. Das Aufsteigen sollte primär durch die innen liegende Leiter des Krans erfolgen. Diese Übung bzw. ein Einsatz stellt durch die Höhe eine hohe psychische Belastung für die Einsatzkräfte dar. Mit Fehlreaktionen ist deshalb zu rechnen. Das Bild 84 zeigt den horizontalen Vorstieg und das Bild 85 den vertikalen Vorstieg an einem Baukran.

Bild 85: *Vertikaler Vorstieg*

14.5 Baukran

Selbstsicherung an der Struktur

Um beide Hände frei zum Arbeiten zu haben, ist es erforderlich, sich an der Struktur zu fixieren. Dies kann mit einem justierbaren Halteseil (siehe Kapitel 6.8) am Auffanggurt befestigt geschehen (Bild 86 a und b). Wichtig ist, dass man nicht über den Festpunkt hinaussteigt, um nicht einen Sturz zu generieren. Halteseile haben keine falldämpfende Funktion.

Bild 86 a und b: *Halten an einem Bauteil*

14 Anwendungsmöglichkeiten

14.6 Selbstsicherung mit Bandfalldämpfer

Bei einer Gitterstruktur oder Baugerüsten kann der Vorstieg und die Standplatzsicherung mit einem Y-Bandfalldämpfer und integrierten großen Karabinern (so genannte Gerüsthaken) geschehen (Bilder 87 und 88). Die Karabiner sollten aus Stahl und nicht aus Aluminium bestehen. Da es beim Einklinken an entsprechenden Strukturen zu Karabinerquerbelastungen kommen kann, ist Stahl der bessere Werkstoff, da er

Bilder 87 und 88: *Brandfalldämpfer (links) und Vorstieg an einem Gerüst mit y-Schlingen (rechts).*

14.6 Selbstsicherung mit Bandfalldämpfer

sich zwar verformt, aber nicht bricht. Aluminium ist spröder und hat eine geringere Knickstabilität.

Zu beachten ist, dass immer ein oder zwei Karabiner an einem Festpunkt eingehängt ist bzw. sind. Dies kann beim Umhängen leicht übersehen werden. Der Bandfalldämpfer begrenzt den Fangstoß auf zirka 6 kN. Dabei werden die Fasern aufgerissen, Sturzenergie abgebaut und der Sturz somit abgebremst. Gleichzeitig findet eine Sturzstreckenverlängerung von etwa 1,75 Meter statt. Dies zu wissen ist wichtig, um die reale Sturzstrecke berechnen zu können.

Wird mit einem 2 m langen intakten Bandfalldämpfer über den Anschlagpunkt hinausgeklettert und der Vorsteiger stürzt, fällt er 4 m tief plus 1,75 m Aufreißstrecke des Bandfalldämpfers plus 1,5 m vom Anseilpunkt am Gurt bis zu den Fußsohlen. Dies ergibt somit eine Mindesthöhe des Anschlagpunktes von 5,25 m, damit der Vorsteiger nicht am Boden aufprallt (Bild 89).

Bei der Standplatzsicherung ist es sinnvoll, beide Karabiner am gleichen Anschlagpunkt eingehängt zu haben, damit der zweite Karabiner beim Arbeiten nicht stört und gegen den eigenen Körper schlägt. Die Rückkehr zum Boden muss mit der gleichen Wechseltechnik (immer ein Karabiner ist eingehängt) der Karabinerseilstücke durchgeführt werden, um einen Absturz auszuschließen. Bandfalldämpfer dürfen nicht mit einem Dynamikseil oder einer Feuerwehrleine verlängert werden. Beim Dynamikseil wird der Fangstoß so sanft, dass der Bandfalldämpfer seine Wirkung nicht entfalten kann. Die Feuerwehrleine reißt, bevor der Bandfalldämpfer seine Wirkung einleitet. Bandfalldämpfer dürfen nicht mit Bandschlingen verlängert werden, um einen größeren Bewegungsradius zu

14 Anwendungsmöglichkeiten

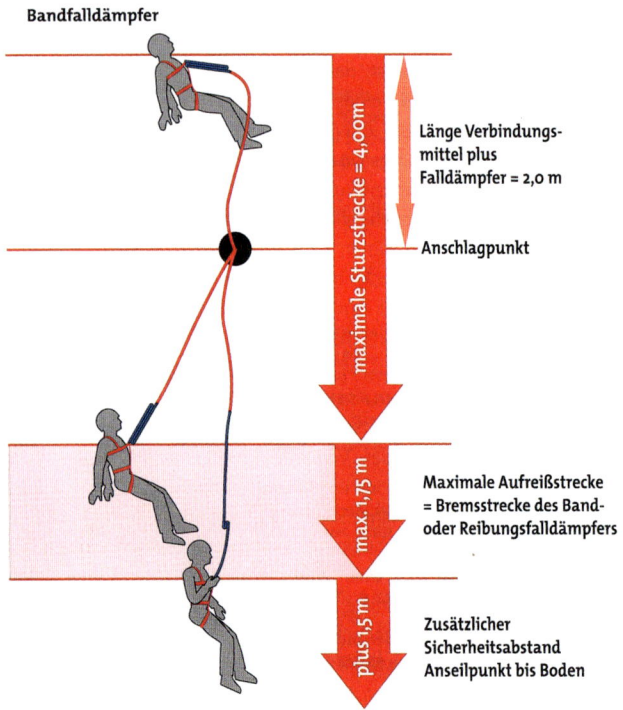

Bild 89: *Funktionsprinzip eines Bandfalldämpfers (Quelle: Bornack GmbH + Co. KG, Ilsfeld)*

14.6 Selbstsicherung mit Bandfalldämpfer

erreichen (Bild 90). Der maximale Fangstoß ist genau auf die Länge des Bandfalldämpfers mit dem Seil und integrierten Karabinern abgestimmt. Es darf nicht ein Karabiner an der Struktur fixiert und der andere z. B. an den Materialschlaufen des Auffanggurts befestigt sein (Bild 91). Bei einem Sturz würde der in der Materialschlaufe hängende Karabiner die Sturzstrecke blockieren, sodass nicht die komplette Aufreißstrecke zur Verfügung steht und damit nicht die nötige Fallenergie absorbiert wird.

Bild 90: *Falsch: Bandfalldämpfer dürfen nicht mit einer Bandschlinge verlängert werden, da dies eine Sturzstreckenverlängerung bewirkt.*

Bild 91: *Falsch: Die Karabiner dürfen nicht in Materialschlaufen eingehängt werden, da dies eine Falldämpferbegrenzung bewirkt.*

14.7 Dächer

Dächer sind wohl das häufigste Tätigkeitsfeld der Feuerwehren mit dem Gerätesatz Absturzsicherung. Bedingt durch Sturmschäden, hohe Schneelasten, Dachstuhlbrände und Arbeiten an Flachdachkanten müssen sich die Einsatzkräfte hier in absturzgefährdete Bereiche begeben. Die Begehung sollte durch hochschieben von Dachplatten oder mit fixierten Leitern geschehen. Nur im Seil hängen ist nicht zulässig. Um Zwischensicherungen für das Seil des Gerätesatzes Absturzsicherung zu

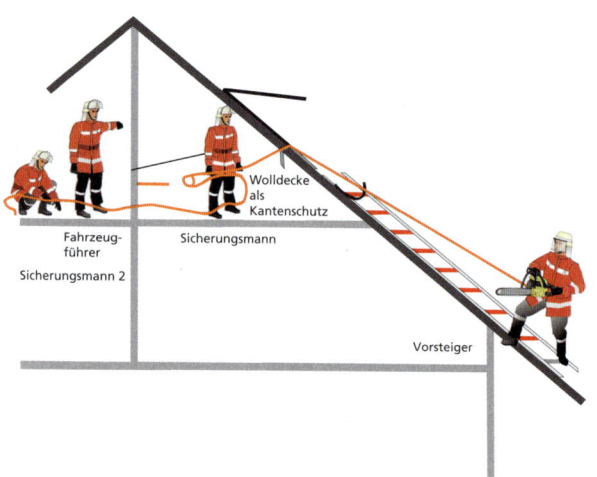

Bild 92: *Systemskizze – Arbeiten auf einem Schrägdach (Quelle: Stelzer, M. und Prause, B.: Absturzsicherung und Höhenrettung, Bornack GmbH + Co. KG, Ilsfeld, 2003)*

14.7 Dächer

Bild 93: *Arbeiten auf einem Schrägdach mit Zwischensicherungen*

legen, müssen Dachplatten im Abstand von zirka zwei Metern hochgeschoben und um den Sparren Bandschlingen mit Karabiner befestigt werden. Sollte es sich um eine verschalte Dachkonstruktion handeln, besteht auch die Möglichkeit, die Bandschlingen um Dachlatten in nächster Nähe der Sparren zu fixieren (Bild 92). Hier sind die Dachlatten mit Nägeln auf Scherbelastung fixiert und brechen nicht so leicht wie zwischen den Sparren. Die Bilder 93 bis 95 zeigen das Arbeiten auf einem Schrägdach mit Zwischensicherungen.

Auf Flachdächern ist die Festpunktsuche oftmals schwierig. Das Seil kann im Treppenraum fixiert und durch eine Dachluke nach oben gezogen werden. Dort kann dann der Sicherungsstand eingerichtet werden. Als weitere Möglichkeit kann das Seil auf der gegenüberliegenden Seite des Dach-Arbeitsbereichs auf den Boden gegeben und eventuell an einem

14 Anwendungsmöglichkeiten

Bild 94: *Zwischensicherung an einer verschalten Dachfläche*

Feuerwehrfahrzeug angeschlagen werden oder es wird durch ein Fenster in einen Raum eingezogen, um dortige stabile Festpunkte zu benutzen. Der Sicherungsstand des Sicherungsmannes kann dann wie gewohnt auf dem Dach mit Blick zum Vorsteiger eingerichtet werden. Der Festpunkt im unteren Raum sollte von einem Feuerwehrangehörigen beaufsichtigt werden, um Manipulationen durch Unwissende auszuschließen. Es ist darauf zu achten, dass der Vorsteiger nicht die Seitenkanten betritt. Hier würde es zu einem Pendelsturz ohne Bremswirkung kommen (Bilder 96 bis 98).

14.7 Dächer

Bild 95: *Sicherungsstand innen*

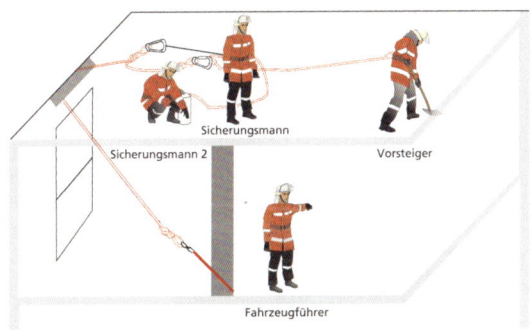

Bild 96: *Sicherungsmänner arbeiten auf der Dachfläche. Die Seilfixierung wird beaufsichtigt (Quelle: Stelzer, M. und Prause, B.: Absturzsicherung und Höhenrettung, Bornack GmbH + Co. KG, Ilsfeld, 2003)*

Anwendungsmöglichkeiten

Bild 97: *Arbeiten auf einem Flachdach. Die Sicherungsmänner befinden sich in der Mitte, der Ausstieg erfolgt über eine Dachluke.*

Bild 98: *Fixierung des Seils durch ein Fenster, Festpunkt ist ein Holzbalken am Türrahmen*

14.7 Dächer

Sicherung der Schleifkorbtrage auf schiefer Ebene

Wird die Feuerwehr zur Transporthilfe an Hanglagen gerufen, muss die Schleifkorbtrage mit dem Patienten gesichert werden, wenn eine Rutschgefahr für das Transportteam besteht (Bild 99).

Bild 99: *Werden Personen an Hanglagen mit einer Schleifkorbtrage transportiert, muss diese gesichert werden.*

Das Risiko des Außer-Kontrolle-Geratens und Abrutschen der Schleifkorbtrage besteht bei steilen, unwegsamen Hängen oder entsprechenden Witterungsverhältnissen. Die Schleifkorbtrage kann dann mit dem Standardaufbau eines Sicherungsstands des Gerätesatzes Absturzsicherung gesichert nach unten oder oben transportiert werden (Bild 100).

14 Anwendungsmöglichkeiten

Bild 100: *Das Anschlagen des Sicherungsseils an der Schleifkorbtrage geschieht mittels Achterknoten und Karabiner an zwei Bandschlingen, die mit einem Ankerstich an den Aufhängeösen der Kopfseite fixiert werden.*

15 Pflege – Wartung – Lagerung

Die Rechtsgrundlagen bieten der DGUV Grundsatz 305 – 002 und GUV Grundsatz 312-906.

Die Lebensdauer eines Seiles, eines Auffanggurtes, einer Bandschlinge oder eines Karabiners kann nicht in absoluten Zahlenwerten angegeben werden, da sie im Wesentlichen durch äußere Einflüsse, Anwendungsart, -intensität und -häufigkeit sowie klimatische Bedingungen beeinflusst wird.

Grundsätzlich gilt: Die genaue Festlegung des Herstellers ist zu beachten!

Bei extremen Anwendungsbedingungen und Belastungen oder unsachgemäßem Gebrauch können die Sicherheitsreserven des Gerätesatzes Absturzsicherung bereits nach kürzester Zeit soweit abgebaut sein, dass er ausgesondert werden muss (Richtwerte siehe Tabelle 3). Nach jedem Gebrauch des Gerätesatzes Absturzsicherung müssen alle Komponenten auf einwandfreien Zustand durch Sehen, Fühlen und eine Funktionsprobe überprüft werden. Zu Bedenken ist hierbei, dass von dem geprüften Material möglicherweise Menschenleben abhängt. Die Prüfung ist auf einem Formblatt zu dokumentieren (siehe Seite 137). Einmal jährlich ist der komplette Gerätesatz Absturzsicherung durch einen Sachkundigen mit Lehrgang nach BGG 906 zu kontrollieren und das Ergebnis zu dokumentieren (siehe Seite 138). Die dem Gerätesatz beiliegende Gebrauchsanweisung des Herstellers ist zu beachten!

Gebrauchsdauer

Die Gebrauchsdauer des Gerätesatzes Absturzsicherung ist der Tabelle 3 zu entnehmen.

Tabelle 3: *Gebrauchsdauer Gerätesatz Absturzsicherung (Quelle: Bornack GmbH + Co. KG, Ilsfeld)*

Gebrauchs-dauer	Anwendung	Häufigkeit
max. 10 Jahre	Unbenutzt, optimal gelagert, regelmäßig überprüft	
bis zu 8 Jahre	Ohne mechanische Belastung, jeweils kurzzeitige Anwendung	Seltene Nutzung, 1 bis 2 mal jährlich
bis zu 5 Jahre	Mit minimaler mechanischer Belastung (statische Belastung mit Körperlast) und jeweils kurzzeitiger Anwendung	Gelegentliche Benutzung, einmal monatlich
bis zu 3 Jahre	Mit minimaler mechanischer Belastung (statische Belastung mit Körperlast) und durchschnittlicher Anwendungsdauer von 2 bis 4 Stunden	Regelmäßige Benutzung, mehrmals monatlich

15.1 Prüfung von Seilen

Die Überprüfung von Seilen muss manuell und visuell so erfolgen, dass man das Seil von einem Ende zum anderen durch die Hand zieht, um eventuelle Beschädigungen oder Unregelmäßigkeiten zusätzlich zu erfühlen.

15.1 Prüfung von Seilen

Aussonderung von Seilen:
- wenn der Mantel beschädigt ist und der Kern sichtbar wird,
- bei starker axialer und/oder radialer Verformung und/oder Deformationen,
- nach Kontakt mit Chemikalien, insbesondere Säuren,
- bei Mantelverschiebungen,
- nach starker mechanischer Belastung (Sturzbelastung),
- wenn der Mantel starke Pelzbildung aufweist,
- nach irreversiblen starken Verschmutzungen (Fette, Öle),
- nach starker thermischer Belastung, Kontakt- und Reibungshitze, sodass Verschmelzspuren sichtbar sind.

Nicht einwandfreies Material ist der Benutzung zu entziehen und einem Sachkundigen vorzulegen (Bild 101).

15 Pflege – Wartung – Lagerung

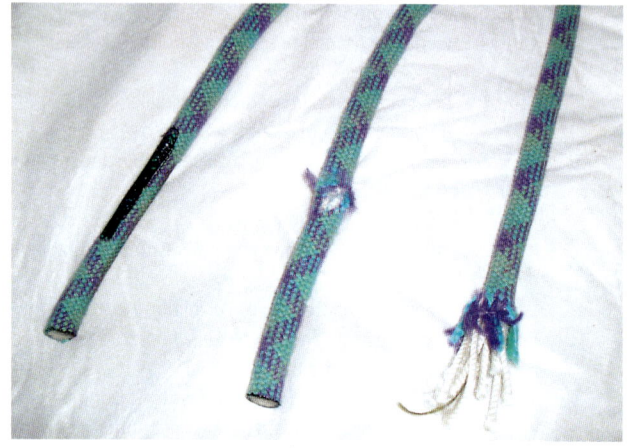

Bild 101: *Beschädigungen an Seilen*

15.2 Prüfung von Bandschlingen

Im Gegensatz zu Kernmantelseilen liegen bei Bandschlingen die tragenden Fäden an der Oberfläche und sind so einem stärkeren Abrieb bei Einwirkung äußerer Einflüsse ausgesetzt. Die Überprüfung erfolgt manuell und visuell über die gesamte Umfangslänge der Schlinge. Auch die Naht muss überprüft werden.

15.2 Prüfung von Bandschlingen

Aussonderung von Bandschlingen:
- wenn Band oder Bandkanten Schäden aufweisen,
- wenn Fäden aus dem Band herausgezogen sind,
- wenn starke Pelzbildung oder Abriebscheinungen erkennbar sind,
- wenn die Nahtriegel der Vernähung Beschädigungen aufweisen,
- nach Kontakt mit Chemikalien, insbesondere Säuren,
- nach starker mechanischer Belastung (Sturzbelastung),
- nach irreversiblen starken Verschmutzungen (Fette, Öle),
- nach starker thermischer Belastung, Kontakt- und Reibungshitze, sodass Schmelzspuren sichtbar sind.

Nicht einwandfreies Material ist der Benutzung zu entziehen und einem Sachkundigen vorzulegen (Bild 102).

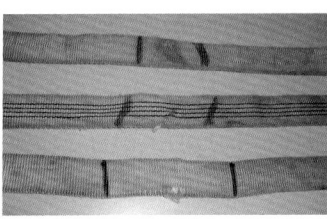

Bild 102: *Beschädigungen an Bandschlingen*

15 Pflege – Wartung – Lagerung

15.3 Prüfung von Auffanggurten

Die Überprüfung von Auffanggurten nach jedem Gebrauch hat manuell und visuell zu erfolgen. Hier ist insbesondere auf die Unversehrtheit der Nähte ein Augenmerk zu richten, ansonsten auf Abrieb oder Beschädigung des Bandmaterials.

Aussonderung von Auffanggurten:
- wenn Bänder oder Nähte beschädigt sind,
- nach starker mechanischer Belastung (Sturzbelastung),
- nach irreversiblen starken Verschmutzungen (Fette, Öle),
- nach starker thermischer Belastung,
- nach Kontakt mit Chemikalien, insbesondere Säuren,
- bei Reibungshitze, sodass Verschmelzspuren sichtbar sind.

Nicht einwandfreies Material ist der Benutzung zu entziehen und einem Sachkundigen vorzulegen.

15.4 Prüfung von Karabinern

Die Überprüfung von Karabinern nach jedem Gebrauch hat manuell und visuell zu erfolgen. Die Funktion der Klinke und des Verschlusssystems darf nicht beeinträchtigt sein.

15.4 Prüfung von Karabinern

Aussonderung von Karabinern:
- nach einem Sturz aus mehr als zwei Metern Höhe,
- bei Funktionsbeeinträchtigung der Klinke,
- bei Funktionsbeeinträchtigung bzw. Schäden/Einrisse der Hülse,
- bei Deformationen des Karabiners,
- bei Abnutzungserscheinungen,
- bei Querschnittsminderung durch starke Seilreibung,
- bei Einkerbungen.

Das Bild 103 zeigt verschiedene Beschädigungen an Karabinern.

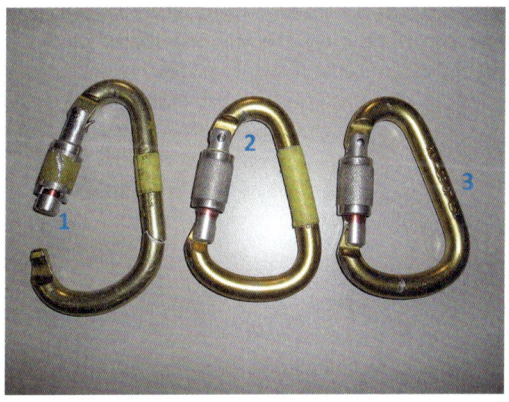

Bild 103: *Beschädigungen an Karabinern*
    1 Ausstanzung   3 Einschleifung
    2 Einkerbung

15 Pflege – Wartung – Lagerung

15.5 Lagerung und Pflege

Die Gebrauchsdauer wird entscheidend durch Lagerung und Pflege mitbeeinflusst:
- Optimale Lagerform ist lose, luftig und locker an einem schattigen, trockenen Ort mit konstanten klimatischen Verhältnissen: zwischen 10 und 20 °C bei 45 bis 65 Prozent relativer Luftfeuchtigkeit (z. B. unter der Sitzbank im Mannschaftsraum).
- Mechanische Quetsch-, Zug- oder Druckbelastungen sollten gänzlich vermieden werden.
- Nasses oder feuchtes Material an schattigem Ort bei Raumtemperatur lose aufhängen, nicht feucht im Materialsack lagern. Nicht im Wäschetrockner oder auf dem Heizkörper trocknen. Schmutz eventuell trocknen lassen und anschließend ausbürsten.
- Starke Verschmutzungen können mit neutraler Seife und handwarmem, weichem Wasser gewaschen werden. In der Waschmaschine im Schonwaschgang bei 35 °C waschen. Keine chemischen Zusätze und Entkalker verwenden.

Nachfolgende Listen für
- Gebrauchsnachweis,
- Inhaltsverzeichnis,
- jährliche Geräteprüfung und
- Seilaufbewahrungshinweis

sind in einer separaten Tasche im Packsack zu lagern.

15.5 Lagerung und Pflege

Gerätesatz Absturzsicherung Freiwillige Feuerwehr
Gebrauchsnachweis

Datum	Einsatzort/ Einsatzart	Stunden	Summe	Prüfer

Gerätesatz Absturzsicherung Freiwillige Feuerwehr
Inhalt:

- Dynamikseil (60 m),
- 1 Brust-Sitzgurt-Auffanggurt,
- 17 D-Karabiner mit automatischer Verschlusssicherung (Twist-Lock),
- 1 HMS-Karabiner mit doppelter Verschlusssicherung (Twist-Lock-Plus),
- 15 Bandschlingen rot (80 cm),
- 2 Bandschlingen weiß (150 cm),
- 1 Verbindungsmittel zur Arbeitsplatzpositionierung,
- 1 SEP-Anschlagschlinge grün (2 m),
- 1 Falldämpfer mit Y-Stück und Karabiner,
- 1 Transportsack,
- 2 Kantenschutzschläuche.

Pflege – Wartung – Lagerung

Gerätesatz Absturzsicherung Freiwillige Feuerwehr
Geräteprüfung jährlich
Indienststellung:

Datum	Seil	Auffang-gurt	Band-schlingen	Karabi-ner	Prüfer

Ausgetauscht wurden:

Datum	Nr.	Gerät

Tipp: Seilendenkennzeichnung

Das Stopfen des Seils in den Seilsack geschieht folgendermaßen: Das Seilende mit dem Achterknoten wird außerhalb des Sacks auf den Boden gelegt, das weitere Seil wird lose in den

15.5 Lagerung und Pflege

Sack gestopft (wie beim Feuerwehrleinenbeutel) bis das andere Ende kommt. An dieses Ende wird ein einfacher Achterknoten (einfacher Achter) gelegt und beide Enden in den Sack (auf das Seil) gelegt (Bild 104). Auf diese Art und Weise hat man bei einem Einsatz das eine Seilende für den Anschlagpunkt (Achterknoten) und das andere Seilende (einfacher Achterknoten) für den Vorsteiger parat.

Bild 104: *Einfacher Achterknoten (oben), Achterknoten (unten)*

16 Ausbildungslernziele für Anwender des Gerätesatzes Absturzsicherung

Einsatzmöglichkeiten:
Der Feuerwehrangehörige muss absturzgefährdete Bereiche erkennen können. Er muss die Rechtsgrundlagen (z. B. Feuerwehr-Dienstvorschriften) kennen.

Einsatzbereiche und -grenzen:
Der Feuerwehrangehörige muss die Einsatzbereiche, die Sicherungstechniken und die Einsatzgrenzen des Gerätesatzes Absturzsicherung kennen.

Unfallverhütung:
Der Feuerwehrangehörige muss die Unfallverhütungsvorschriften bezüglich des Themas »Halten und Auffangen« kennen.

Gefährdungsermittlung:
Der Feuerwehrangehörige muss die Matrix der Gefahren im absturzgefährdeten Bereich kennen.

Persönliche Schutzausrüstung:
Der Feuerwehrangehörige muss die einzelnen Teile des Gerätesatzes Absturzsicherung richtig anwenden können.

16 Ausbildungslernziele für Anwender

Gerätekunde:
Der Feuerwehrangehörige muss die Komponenten des Gerätesatzes Absturzsicherung richtig aufbewahren, pflegen, kennzeichnen und dokumentieren können.

Knotenkunde:
Der Feuerwehrangehörige muss zusätzlich zu den feuerwehrüblichen Knoten den Spierenstich, den Achterknoten und den HMS-Knoten sicher beherrschen und entsprechend anwenden können.

Sicherungsmöglichkeiten:
Der Feuerwehrangehörige muss den Unterschied zwischen »Halten« und »Auffangen« sicher beherrschen. Er muss die theoretischen Grundlagen wie Sturzfaktor und Fangstoß wiedergeben können. Der Feuerwehrangehörige muss die verschiedenen Sicherungsmöglichkeiten in vertikalen und horizontalen Bereichen kennen und anwenden können.

Anschlagpunkte:
Der Feuerwehrangehörige muss die verschiedenen Möglichkeiten zum Anschlagen an verschiedenen Objekten erkennen und auswählen können. Er muss deren Festigkeit beurteilen können.

Erste Hilfe:
Der Feuerwehrangehörige muss die Grundlagen der Ersten Hilfe beherrschen und über das Hängetrauma Bescheid wissen.

16 Ausbildungslernziele für Anwender

Selbstrettung:
Der Feuerwehrangehörige muss bei einer eigenen Notlage die Möglichkeiten zur Rettung kennen.

Zusammenfassung

Im vorliegenden Roten Heft wurde die Abgrenzung zwischen Höhenrettung und Absturzsicherung beschrieben und im Bereich Absturzsicherung der Unterschied zwischen Halten und Auffangen erläutert. Es wurden die theoretischen Grundlagen wie Fangstoß und Sturzfaktor vermittelt sowie die einzelnen Komponenten des Gerätesatzes Absturzsicherung vorgestellt. Der Standard der Sicherungstechnologien zum Halten und Auffangen wurde Schritt für Schritt dargestellt und mit praktischen Anwendungsbeispielen versehen. Ferner wurde die Einsatztaktik für das Team, das im absturzgefährdeten Bereich arbeitet, vermittelt. Eine Gefährdungsermittlung mitsamt den entsprechenden Unfallverhütungsmaßnahmen wurde hervorgehoben, da die Gefahrenvermeidung für die Komponenten des Gerätesatzes Absturzsicherung im Interesse des Eigenschutzes sehr wichtig ist. Wie der Gerätesatz Absturzsicherung und dessen einzelne Teile zu lagern sind, wie die Pflege auszusehen hat und wie die Ausrüstungsgegenstände zu warten sind, nahm einen nicht unerheblichen Teil des Heftes ein. Ein Katalog mit Lernzielen für die Anwender des Gerätesatzes Absturzsicherung rundete den Inhalt ab.

Dieses Rote Heft soll als Leitfaden dienen, sich mit der Thematik »Absturzsicherung« auseinander zu setzen. Es entbindet nicht, sich von einer fachkundigen Stelle theoretisch und praktisch ausbilden zu lassen. Ich möchte ausdrücklich davor warnen, sich dieses Thema autodidaktisch beizubringen, da das Risikopotenzial, sich schwer zu verletzen bzw. tödlich

Zusammenfassung

abzustürzen, zu groß ist. Ich wünsche den Anwendern des Gerätesatzes Absturzsicherung jederzeit ein unfallfreies Arbeiten.

Jörg Mezger

Literaturverzeichnis

Arbeitsgemeinschaft der Leiter der Berufsfeuerwehren (AGBF), Arbeitskreis Ausbildung: Empfehlung der AGBF – Spezielle Rettung aus Höhen und Tiefen (SRHT), 2019.

Bornack Fallstop Rescue-Katalog, Bornack GmbH + Co. KG, Ilsfeld, 2003.

Feuerwehr-Dienstvorschrift 1 (FwDV 1) »Grundtätigkeiten – Löschund Hilfeleistungseinsatz« vom September 2006.

DGUV Vorschrift 49 »Unfallverhütungsvorschrift. Feuerwehren«, Ausgabedatum 06/2018.

DGUV Information 205-010 »Sicherheit im Feuerwehrdienst«, Ausgabedatum 07/2011.

DGUV Regel 105-049 »Feuerwehren«, Ausgabedatum 06/2018.

DGUV Regel 112-198 »Benutzung von persönlichen Schutzausrüstungen gegen Absturz«, Ausgabedatum 09/2019.

DGUV Regel 112-199 »Benutzung von persönlichen Schutzausrüstungen zum Retten aus Höhen und Tiefen«, Ausgabedatum 07/2012.

Haverney, F. und Wölke, P.: Höhenrettung, Die Roten Hefte 79, 2., überarbeitete und erweiterte Auflage, Verlag W. Kohlhammer, Stuttgart, 2015.

Haverney, F: Gerätesatz Absturzsicherung, in: BRANDSchutz/Deutsche Feuerwehr-Zeitung 2/2002, Seite 177 ff.

Lehrunterlage Absturzsicherung der Berufsfeuerwehr Stuttgart.

Mezger, J.: Lehrunterlage Absturzsicherung, Freiwillige Feuerwehr Filderstadt, 2001.

Wachter, K. Absturzsicherung Lehrunterlage LFS-BW 2020.

Stelzer, M. und Prause, B.: Absturzsicherung und Höhenrettung, Bornack GmbH + Co. KG, Ilsfeld, 2003.

Literaturverzeichnis

Normen (Auswahl)

DIN 14800-17, Ausgabe: 2015-05 »Feuerwehrtechnische Ausrüstung für Feuerwehrfahrzeuge – Teil 17: Gerätesatz Absturzsicherung«.

DIN EN 354, Ausgabe: 2010-11 »Persönliche Schutzausrüstung gegen Absturz – Verbindungsmittel«.

DIN EN 355, Ausgabe: 2002-09 »Persönliche Schutzausrüstung gegen Absturz – Falldämpfer«.

DIN EN 361, Ausgabe: 2002-09 »Persönliche Schutzausrüstung gegen Absturz – Auffanggurte«.

DIN EN 362, Ausgabe: 2008-09 »Persönliche Schutzausrüstung gegen Absturz – Verbindungselemente«.

DIN EN 388, Ausgabe: 2019-03 »Schutzhandschuhe gegen mechanische Risiken«

DIN EN 795, Ausgabe: 2012-10 »Persönliche Absturzschutzausrüstung – Anschlageinrichtungen«.

DIN EN 813, Ausgabe: 2008-11 »Persönliche Absturzschutzausrüstung – Sitzgurte«.

Die Normen können bezogen werden über:
Beuth Verlag GmbH
Saatwinkler Damm 42/43
13627 Berlin
www.beuth.de

Michael Benedum

Vermisstensuche

Aufbau, Planung, Einsatz

2021. 292 Seiten. Kart. € 34,–
ISBN 978-3-17-035428-9
Führung

Digital-Ausgabe erhältlich in der BRANDSchutz-App und als E-Book.

In Deutschland werden täglich etwa 300 Personen als vermisst gemeldet. Bei der Suche nach diesen vermissten Personen sind mehrere Organisationen beteiligt, die teils unter widrigen Bedingungen und unter Zeitdruck zusammen agieren müssen.

Der Autor bietet eine umfassende Übersicht zu den Zuständigkeiten, den Vorbereitungen und dem Ablauf einer Vermisstensuche. Hinweise zu den Einsatzgebieten von Rettungshunden, dem Vorgehen mit einer taktischen Einheit der Feuerwehr im unwegsamen Gelände sowie zu den wichtigsten Rechtsgrundlagen runden den Inhalt ab.

Michael Benedum ist Oberbrandmeister bei der Berufsfeuerwehr Trier. Er ist Einheitsführer in der dortigen Facheinheit Rettungshunde/Ortungstechnik und in dieser seit 2003 als Mitglied aktiv.

Leseproben und
weitere Informationen:
www.kohlhammer-feuerwehr.de

Roy Bergdoll/
Sebastian Breitenbach

**Verbrennen
und Löschen**

*18., erw. und überarb. Auflage 2021
212 Seiten. Kart. € 19,–
ISBN 978-3-17-026968-2
Die Roten Hefte Nr. 1
Digital-Ausgabe erhältlich in der
BRANDSchutz-App und als E-Book.*

Das Rote Heft 1 „Verbrennen und Löschen" vermittelt wichtiges Grundlagenwissen, ohne das eine erfolgreiche Brandbekämpfung durch die Feuerwehr nicht möglich wäre. Ausgehend von den physikalischen und chemischen Voraussetzungen eines Brandes werden ausführlich die verschiedenen Möglichkeiten der Brandbekämpfung beschrieben. Dabei wird stets auf einen hohen Praxisbezug Wert gelegt. Beispiele aus dem Feuerwehralltag runden den Inhalt ab.

Dipl.-Ing. (FH) Roy Bergdoll ist Fachredakteur der BRANDSchutz/ Deutsche Feuerwehr-Zeitung und Brandamtmann bei der Berufsfeuerwehr Mannheim. Sebastian Breitenbach ist ebenfalls bei Berufsfeuerwehr Mannheim tätig.

Leseproben und
weitere Informationen:
www.kohlhammer-feuerwehr.de